Wolfgang Willner

Die Schmetterlinge Deutschlands in ihren Lebensräumen

Finden und Bestimmen

Quelle & Meyer Verlag Wiebelsheim

Bibliografische Information der Deutschen Nationalbibliothek
Die Deutsche Nationalbibliothek verzeichnet diese Publikation in der Deutschen Nationalbibliografie; detaillierte bibliografische Daten sind im Internet über http://dnb.d-nb.de abrufbar.

1. Auflage 2012

www.verlagsgemeinschaft.com

Fotos: Wolfgang und Otto Willner (wenn nicht anders angegeben)
Druck und Verarbeitung: Bosch-Druck GmbH, Ergolding
Printed in Germany/Imprimé en Allemagne
ISBN 978-3-494-01511-8

Inhaltsverzeichnis

Vorwort ... 7

Einführung ... 8

Körperbau der Schmetterlinge ... 10
Das Ei ... 19
Die Raupe ... 24
Die Puppe ... 28
Partnerfindung ... 32
Wanderungen ... 34
Fressfeinde und Parasiten ... 35
Gefährdung und Schutz unserer Tag- und Nachtfalter ... 39

Die Schmetterlingsfamilien im Überblick ... 43

Lebensräume der Schmetterlinge ... 51
Lebensraum Trockenrasen ... 53
Lebensraum Hochmoor ... 57
Lebensraum Wiese ... 61
Lebensraum Wald ... 65
Lebensraum Hecke ... 69
Lebensraum Ufer ... 73
Lebensraum Alpen ... 77
Lebensraum Acker und Ödland ... 81
Lebensraum Gärten und Parks ... 85

Schwalbenschwänze und Segelfalter ... 88
Weißlinge und Gelblinge ... 91
Edelfalter ... 97
Dickkopffalter ... 123
Bläulinge ... 127
Feuerfalter ... 140
Zipfelfalter ... 142
Bärenspinner ... 148
Schwärmer ... 155
Eulenspinner ... 162
Sichelflügler ... 164
Spanner ... 165
Eulen ... 185
Glucken ... 208
Zahnspinner ... 212
Schneckenspinner ... 217
Prozessionsspinner ... 218

Pfauenspinner 219
Birkenspinner 220
Blaukopf-Eulenspinner 220
Wurzelbohrer 221
Trägspinner 222
Widderchen 225
Holzbohrer 229
Glasflügler 230
Zünsler 231
Wickler 236
Faulholzmotten 244
Gespinstmotten 247
Langhornmotten 249
Motten 251
Sackträger 255
Fensterfleckchen 255
Federmotten 256

Literaturverzeichnis 258

Übersicht der Arten, Lebensräume und Flugzeiten 259

Register der deutschen Namen 281

Vorwort

Die Beschäftigung mit der heimischen Natur gehört nach wie vor zum interessantesten, mit dem man sowohl seine Freizeit als auch sein Arbeitsleben verbringen kann. In unserer Zeit ist durch viele Einflüsse der modernen Gesellschaft die Beziehung zur Natur immer mehr verschüttet worden. Es ist leider weit verbreitet, dass die Kenntnis heimischer Automarken oder der so beliebten PC-Spiele bei weitem die heimischer Tier- und Pflanzenarten übertrifft. Gerade das Interesse an Schmetterlingen war bis ins vorige Jahrhundert ein weit verbreitetes Hobby. Dieses Buch soll etwas von der Begeisterung des Autors für diese Vertreter der ansonsten oft zu Unrecht verachteten Insekten vermitteln. Frei nach einer alten Weisheit: „Nur was man kennt, kann man auch schützen." Die Formenvielfalt, Pracht und Artenfülle, die unsere heimischen Schmetterlinge vermitteln, ist einzigartig. Auch die vielen überraschenden Verhaltensweisen und biologischen Besonderheiten, die erst in jüngster Zeit näher erforscht wurden, sind voller faszinierender Details. Ließe sich mit den fliegenden Edelsteinen nicht gerade jungen Menschen wieder Natur näher bringen? Der Autor selbst wurde in seiner Jugend durch seinen Vater an seine Leidenschaft, die Natur- und speziell die Schmetterlingsfotografie, herangeführt und konnte viel von ihm lernen. Der Grundstock für das umfangreiche Fotoarchiv und die spätere Naturfilmarbeit für das Bayerische Fernsehen war gelegt. Dieses Buch ist dem 2007 verstorbenen Vater Otto Willner, von dem auch eine Reihe der Bilder stammen, gewidmet. Mit der Begeisterung für die Natur trat für den Autor auch die Verpflichtung, die Natur aktiv zu schützen und beim Bund Naturschutz in Bayern e.V. aktiv und ehrenamtlich mitzuarbeiten, in den Vordergrund.

Wir verzichten hier auf wissenschaftlich, trockene Fachausdrücke und vermitteln nur das notwendige Wissen.
Die wichtigsten, aber auch schönsten heimischen Schmetterlinge und ihre Lebensräume werden vorgestellt. Für eine weitergehende Bestimmung sei auf einen später folgenden Band in Lexikonform verwiesen. Danken für die tatkräftige Unterstützung bei der Suche auf gemeinsamen Exkursionen und bei der Arbeit an diesem Buch möchte ich Klaus Brünner, Robert Hirmer, Xaver Irlbeck, Werner Redl, Günter Roiger, Heinz Tuschl und besonders Heinrich Vogel für seine Korrekturarbeiten.

Für meinen Vater

Einführung

In der wohl artenreichsten Tiergruppe weltweit, den Insekten, stellen die Schmetterlinge die faszinierendsten Vertreter dar. Ihre Farbenpracht und Formenvielfalt ist einzigartig. Selbst unser so häufiges Tagpfauenauge kann es an Schönheit, Eleganz und Farbigkeit durchaus mit großen tropischen Vertretern aufnehmen, und wir empfinden Sympathie für diese scheinbar so mühe- und lautlos durch die Luft fliegenden Gaukler. Diese Tiere haben schon im Altertum die Fantasie der Menschen beflügelt und zu vielen Mythen und Dichtungen angeregt. Tagfalter fliegen am liebsten bei Sonne und Wärme und lassen sich dann auch gut beobachten. In Deutschland sind ca. 3700 Schmetterlingsarten beheimatet, die meisten davon sind jedoch Nachtfalter, denen nur 190 Tagfalterarten gegenüberstehen. Auf Mitteleuropa bezogen kommen dazu noch weitere ca. 40 Arten. Die Unterscheidung von Tag- und Nachtfaltern ist nicht immer ganz nachvollziehbar, da eine Reihe von Nachtfaltern wie z. B. die Widderchen, das Taubenschwänzchen und der Hummelschwärmer am Tag fliegen. Unter ihnen sind viele unauffällige und auch weniger attraktive Arten. Etwa 550 Spannerarten und 650 Arten aus der Familie der Eulen kennen wir. Ein gutes Erkennungsmerkmal sind die Fühler. Bei Tagfaltern sind sie an den Enden keulenförmig verdickt, was als erstes, einfaches Unterscheidungsmerkmal bei den Nachtfaltern fehlt. Deren Fühler sind besonders bei den Männchen oft gefiedert, kammförmig gezähnt oder borstenartig geformt.
Die Einteilung in Groß- und Kleinschmetterlinge und deren Verwandtschaftsverhältnissen wird in diesem Buch soweit möglich nach aktuellen Erkenntnissen geordnet dargestellt. Die deutsche Namensgebung ist oft nicht eindeutig, weil viele Arten mehrere deutsche Namen haben. Richtig und exakt ist daher nur die wissenschaftliche Bezeichnung, die sich aus Gattungs- und Artname zusammensetzt. Manche Arten bekommen noch einen dritten Namen, wenn sie als Unterart einer Art klassifiziert sind. Doch hat sich hier gerade in den letzten Jahrzehnten vieles geändert, weil Wissenschaftler neue Erkenntnisse über Verwandtschaftsverhältnisse und Artzugehörigkeiten durch neue Analysemethoden gewinnen konnten oder weil unter Fachleuten neue Ansichten über die Gattungszugehörigkeit sowie Uneinigkeit in der Namensgebung herrschen. Beim Vergleich von wissenschaftlichen Werken stimmen die Namen oft nicht überein.

Das eindeutige Bestimmen der Falter ist manchmal nicht ohne Einfangen und Betrachtung in der Hand möglich. Wir beschränken uns auf die auch für den Laien sichtbaren und möglichen Merkmale, da es nicht sinnvoll ist, die Falter jedes Mal zu fangen, zu beunruhigen und vielleicht sogar zu schädigen. Bei vielen Arten ist dies zudem untersagt und nur mit behördlicher Ausnahmegenehmigung für wissenschaftliche Zwecke zulässig.
Merkmale der Vorderflügelunterseite und bei manchen Arten der Flügeloberseiten sind in der Praxis oft nicht sehr hilfreich, da sie beim sitzenden

Falter meist nicht vollständig sichtbar sind. Bei Gelblingen beispielsweise sind sie gar nicht oder nur schwer im Gegenlicht erkennbar.
Ein Bestimmungsschlüssel ist für Schmetterlinge kaum anwendbar, da viele verschiedene Merkmale zu berücksichtigen sind, darunter Flügelgeäder und markante Zeichnungen der Flügel mit Bänderungen, Punkten und Flecken sowie andere Kriterien. Bei Eulenfaltern beispielsweise sind es Makel, die bei ähnlichen Arten an denselben Stellen der Flügeloberseite sitzen und charakteristische Unterschiede aufweisen, die bei der Bestimmung Anhaltspunkte liefern. Für die tiefer gehende wissenschaftliche Beschäftigung verweise ich im Anhang auf die einschlägige Fachliteratur, wo man unter anderem über die Methoden zur Bestimmung schwieriger Falterarten mehr erfährt.
Eine Reihe dieser Arten, gerade aus der Nachtfalterfamilie, sind nur durch Präparation und Genitaluntersuchungen des Männchens unter dem Mikroskop eindeutig bestimmbar.
Dieses Buch soll dem interessierten Laien und auch dem etwas erfahrenen Schmetterlingsbeobachter zuhause und bei Exkursionen in der Natur helfen, heimische Schmetterlingsarten und deren Lebensräume kennenzulernen, und ein Leitfaden für das Auffinden und Beobachten dieser fliegenden Kunstwerke sein. Dem Autor ist es ein Anliegen, Verständnis für den Schutz dieser faszinierenden, aber hoch bedrohten Tiergruppe zu wecken.
Ihr Verschwinden aus unserer Natur und Erscheinen in Roten Listen warnt uns vor massiven Veränderungen und Gefahren für die Artenvielfalt. Eine ganze Reihe unserer heimischen Schmetterlinge gelten als sogenannte Bioindikatoren, als Anzeiger für den Zustand unserer Umwelt.

Bei den Artbeschreibungen (ab S. 88) ist angegeben, welche Art sich auf der Roten Liste befindet. Die Monatsleiste zeigt die jeweiligen Flugzeiten des Schmetterlings (grüne Markierung) sowie die Raupenzeiten (rote Markierung) an.

J	F	M	A	M	J	J	A	S	O	N	D

Die Gefährdungseinteilung nach der Roten Liste der Tier- und Pflanzenarten der BRD (RL):
RL 0: Ausgestorben oder verschollen
RL 1: Vom Aussterben bedroht
RL 2: Stark gefährdet
RL 3: Gefährdet
R: Extrem selten
G: Gefährdung anzunehmen
V: Vorwarnliste

Körperbau der Schmetterlinge

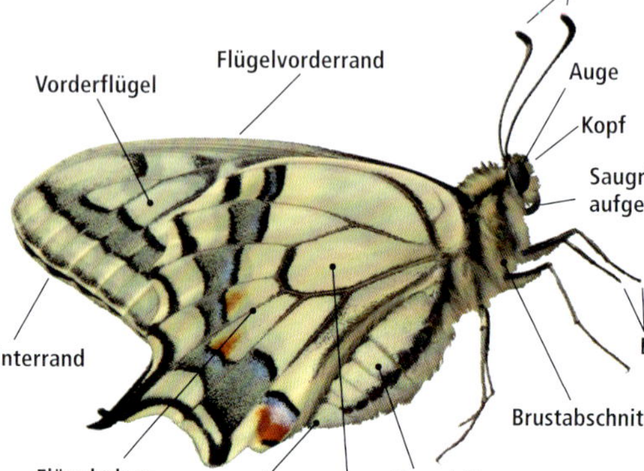

Der Körper eines Schmetterlings unterteilt sich in drei Bereiche: den Kopf, die Brust und den Hinterleib.

Der Kopfabschnitt

Die Größe der Facettenaugen ist je nach Art von der Tages- bzw. Nachtaktivität des Falters abhängig. So haben einige Schwärmer, wie der Totenkopfschwärmer, recht große Augen, um das vorhandene Restlicht nutzen zu können. Mehr als das Erfassen von Bewegungen, Umrissen und Farben von Blüten auf kurze Distanz ist damit allerdings nicht möglich. Mit einem Facettenauge, das aus zahlreichen, bei einigen Nachtfaltern bis zu 12.000 einzelnen Augen besteht, ist nur eine sehr grob gerasterte Wahrnehmung möglich. Diese reicht bei einigen Arten für die visuelle Erkennung des anderen Geschlechtes. Schmetterlinge nehmen im Gegensatz zu uns Menschen auch ultraviolettes Licht wahr. Dies kann beim Auffinden einer Nektarquelle hilfreich sein, da viele Blüten Farbmuster im UV-Bereich zeigen, die die Nektarquelle markieren.
Die beiden Fühler unterscheiden sich von Art zu Art und zwischen

Der Totenkopfschwärmer hat große Facettenaugen, um das Restlicht so gut wie möglich ausnutzen zu können.

den Geschlechtern. Bei Tagfaltern sind sie fadenförmig und am Ende gekeult, bei Nachtfaltermännchen mit kammartigen Fühlern, bei deren Weibchen gesägt, bzw. gezähnt. Die Fühler dienen dem Geruchssinn, der Nahrungs- und Partnerfindung und anderen Wahrnehmungen.

Der Rüssel ist zweigeteilt und bildet aus zwei Rinnen ein biegsames Rohr zur Nahrungsaufnahme. Mit Sinneszellen ausgestattet dient er auch zum Tasten und Schmecken. Die Länge des Rüssels kann von einigen Millimetern bis mehreren Zentimetern reichen, bei einem Vertreter der heimischen Nachtfalter, dem Windenschwärmer, ist er bis zu über 9 cm lang. Bei manchem Eulenfalter ist der Rüssel geeignet, Früchte anzuritzen und den Saft aufzusaugen, während bei anderen Arten der Rüssel verkümmert ist. Es findet keine Nahrungsaufnahme mehr statt, die Reserven werden beispielsweise beim Abendpfauenauge schon im Raupenstadium im Körper angelegt. Links und rechts neben dem Rüssel befinden sich noch ein paar Taster, Palpen genannt.

Nahrungsaufnahme bei Tag- und Nachtfaltern

Schmetterlinge nutzen verschiedene Nahrungsquellen. Mit dem Rüssel können nur flüssige Stoffe aufgesaugt werden, an erster Stelle steht der Nektar der Blüten. Die Falter nutzen die Nektarangebote unterschiedlich. Bei vielen Blüten ist der Nektar leicht zugänglich, wird aber nicht von allen Schmetterlingen gleich genutzt. Verschiedene Flugzeiten der Falter stehen dem Angebot der zu dieser Zeit gerade blühenden Pflanzen gegenüber. Die einen bevorzugen bestimmte Farben, bei anderen entscheidet die Rüssellänge über die Erreichbarkeit des Nektars. Viele Nachtfalterarten, vor allem Schwärmer, erreichen mit ihren langen Rüsseln tief liegende Nektarquelle in Blüten mit langen Blütenkelchen, die sonst kaum genutzt werden können, und bestäuben gleichzeitig die Blüte. Manche Pflanzen, wie z.B. Nachtkerzen, öffnen ihre Blüten erst bei Dunkelheit und sind damit ein gutes Angebot für die Nachtschwärmer.

Ein Labkrautschwärmer an einer Seifenkrautblüte

Arten wie Schillerfalter und andere nutzen nicht Blüten und deren Nektar als Nahrungsquelle, sondern nehmen nur Mineralien auf, indem sie an feuchten Stellen am Boden, Tierexkrementen oder Kadavern sowie Schweiß saugen. Weitere Schmetterlinge, wie z.B. der Eichenzipfelfalter, nutzen noch ein spezielles Angebot, nämlich die süßen Ausscheidungen der Blattläuse, die sich auf den Blättern niederschlagen.

Der Brustabschnitt

An der Brust sitzen drei Beinpaare sowie die Flügel. Die Beine sind sehr dünn und tragen bei einigen Arten Sinnesorgane zum Riechen und Schmecken, um Nahrung oder bei Weibchen auch zusätzlich die Eiablagepflanze identifizieren zu können. Die vorderen Beinpaare sind bei einigen Tagfalterarten zu Putzpfoten umgebildet.

Die Flügelpaare sind bei Tag- und Nachtfaltern wichtige Merkmale zur Bestimmung. Sie sind dicht mit – oft farbenprächtigen – Schuppen besetzt, die dachziegelartig angeordnet sind. Die leuchtenden Farben werden gemäß ihrer Beschaffenheit entweder durch Farbpigmente, wie zum Beispiel beim Tagpfauenauge, oder auch durch Lichtbrechungen und Reflexionen, wie etwa beim Schillerfalter, hervorgerufen. Die Schillerfalter haben ebenso wie die tropischen, leuchtend schillernden Morphofalter der Tropenwälder Südamerikas das intensive Blau nicht als Farbe sondern durch den Aufbau der Schuppen. Sie sind innen hohl und durchsichtig, so dass sich das Licht an den dünnen Wänden brechen kann. Diese Färbung tritt aber nur in einem gewissen Winkel zum Sonnenlicht auf, ansonsten erscheinen Schillerfalter in der Grundfarbe dunkelbraun, bei einigen auch orangerot. Den Weibchen fehlt der Schiller völlig.

Die Flügel geben der ganzen Insektenfamilie der Schmetterlinge ihren Namen: die wissenschaftliche Bezeichnung Lepidoptera leitet sich aus dem griechischen lepis = Schuppe und pteron = Flügel ab.

Es gibt auch Arten, bei denen sich Weibchen und Männchen in Farbe, Zeichnung und Größe der Flügel unterscheiden, so wie beim Kleinen Nachtpfauenauge. Man nennt diese Erscheinung Geschlechtsdimorphismus. Bei einer ganzen Reihe von sehr spät oder sehr früh im Jahr fliegenden Spannerarten, wie den Frostspannern, ist das Weibchen sogar gänzlich ohne Flügel oder hat nur Stummelflügel. Noch extremer ausgeprägt ist der Unterschied zwischen Männchen und Weibchen beim Schlehen-Bürstenspinner. Das fast bewegungsunfähige, flügellose Weibchen hängt sich direkt an den

Weibchen des Buchenfrostspanners mit Flügelstummeln

Das flügellose Weibchen des Schlehen-Bürstenspinners bei der Eiablage

Kokon, aus dem es geschlüpft ist. Sein riesiger Hinterleib ist mit Eiern angefüllt. Es lockt mit Duftstoffen das Männchen zur Begattung und legt anschließend die Eier an den Kokon. Die geschlüpften Raupen sind auffällig gefärbt und aufgrund ihrer bürstenartigen Behaarung für Vögel uninteressant. Sie sind nach dem Schlupf so leicht, dass sie vom Wind weite Strecken fortgetragen werden können.

Die Raupe des Schlehen-Bürstenspinners ist auffällig gefärbt und besitzt eine lange Behaarung.

Ein je nach Art verschieden verlaufendes Flügelgeäder, das die Funktion hat, nach dem Schlupf den schlaff herunter hängenden Flügeln durch Einpressen von Körperflüssigkeit Form zu geben, ist ebenfalls ein wichtiges Bestimmungsmerkmal. Die Flügel sind sehr unterschiedlich geformt. Bei Schwärmern sind sie lang und stromlinienförmig, um schnell lange Strecken zurücklegen zu können. Tagfalter haben eher breite Flügel was ihren Flug sehr unstet und unberechenbar „gaukelnd" erscheinen lässt. Potenzielle Feinde wie Vögel tun sich schwer, sie zu erbeuten.
Manche Nachtfalterfamilien, wie Eulen oder Bärenspinner, besitzen Hörorgane im hinteren Bereich des Brustabschnittes zur Wahrnehmung von Lauten und Geräuschen.
Der größte Teil unserer Falterarten bildet eine Generation (Schmetterling-Eiablage-Raupe-Puppe-Schmetterling) pro Jahr aus, andere, wie der Schwalbenschwanz, bis zu drei und wieder andere, wie das Landkärtchen, zwei Generationen, die sich im Aussehen des fertigen Schmetterlings unterscheiden: die Frühjahrsgeneration ist hell orange, die Sommergeneration dunkelbraun. Die Hellphase des Tages spielt bei der Raupenentwicklung die entscheidende Rolle für diesen Farbwechsel.

Die Frühjahrs- und Sommergeneration des Landkärtchens

Schließlich gibt es noch Falterarten, die für einen Entwicklungszyklus zwei oder sogar mehrere Jahre brauchen. Die gefährlichste Phase ist dabei der Winter. Unabhängig vom Entwicklungszustand des Falters müssen bestimmte Anpassungen stattfinden, um das Einfrieren und damit die Bildung von Eiskristallen in den Zellen zu verhindern. So etwas wie ein Frostschutzmittel ist notwendig. Zucker und Glyzerin werden im Körper eingelagert, so ist beispielsweise ein Zitronenfalter fähig, auch längere Zeit bei Temperaturen bis zu minus 20° Celsius im Freien zu überstehen. Einige wenige Falterarten sind in der Lage, sogar bei sehr niedrigen Temperaturen aktiv zu sein und zu fliegen, wie der Frühe Schlehenbusch-Winterspanner *Theria primaria*. Er ist wohl die Winterart bei uns, kein anderer Schmetterling ist so früh, schon im Januar, und bei solch tiefen Temperaturen unterwegs.

Der Frühe Schlehenbuch-Winterspanner ist schon sehr früh im Jahr unterwegs.

Auch der Zitronenfalter ist oft zu sehen, wenn noch Schnee liegt.

Der Hinterleib

Im Hinterleib ist neben dem Darm und den bei den Weibchen großen und komplex ausgebildeten Fortpflanzungsorganen auch ein Muskel untergebracht, der die Blutflüssigkeit im Körper umwälzt.

Die Weibchen vieler Nachtfalter besitzen Duftdrüsen am Hinterleib, auf deren Funktion noch näher eingegangen wird (s. S. 32). Schwer unterscheidbare Arten lassen sich anhand der Ausformung der Geschlechtsorgane durch Fachleute bestimmen.

Langstreckenflieger und Feinschmecker mit einer Vorliebe für Honig

Der dunkelbraune Totenkopfschwärmer ist mit bis zu 13 cm Flügelspannweite unser größter heimischer Nachtfalter und ein ganz besonderer Vertreter seiner Gattung. Er wandert bis aus Nordafrika über die Alpen zu uns, wobei seine nächtlichen Flüge hohe Geschwindigkeiten von 60 bis 70 Stundenkilometern erreichen können. Es kommt sogar vor, dass der Schwärmer dann mit Rückenwind 500 bis 700 km in einer Nacht zurücklegt. Seine Namen gebende Zeichnung auf dem Brustbereich ist ebenso einzigartig wie seine Vorliebe für Honig. Baumsäfte, Fallobst und Früchte sind normalerweise seine Nahrungsquellen, wenn sich die Gelegenheit bietet, werden aber auch Bienenstöcke besucht.

Der schwere und große Falter mit einem Gewicht von neun Gramm dringt in den Stock ein, sticht mit seinem kräftigen, nur 15 mm kurzen Rüssel die Waben an und saugt den Honig, ohne von den Bienen behelligt zu werden. Dies ist eine erstaunliche Tatsache, die zu vielen Vermutungen Anlass gab. Die Bienen scheinen den Schwärmer zu ignorieren. Ihre Stiche können die dicke Chitinhülle seines Körpers nur schwer durchdringen. Zudem scheint er auf das Bienengift kaum zu reagieren. Der Falter wird aber noch durch einen anderen Trick geschützt. Ein Staat von Honigbienen kann Feinde und Eindringlinge sehr gut abwehren. Wächter am Nesteingang kontrollieren und bekämpfen jeden Eindringling und sind normalerweise sehr gut darin, Nestmitglieder ihres Staates am Geruch zu erkennen. Eine Untersuchung aus den 1990er Jahren ging der Vermutung nach, dass sich der Totenkopfschwärmer durch einen eigenen chemischen „Duft" tarnt und damit für die Bienen quasi „unsichtbar" wird. Tatsächlich wurde der Nachweis in einer komplizierten Versuchsanordnung im Nest erbracht (Moritz, Kirchner, Crewe 1991). Ganz ohne Risiko ist die Aktion jedoch nicht, denn wenn der Falter sich mit Honig vollgesogen hat, kann er möglicherweise nicht mehr durch das schmale Einflugloch des Bienenstockes entkommen.

Eine weitere Fähigkeit zur Feindabwehr besteht darin, dass der Falter in der Lage ist, feine Piepstöne zu erzeugen. Zusammen mit dem ruckartigen Aufklappen der Vorderflügel werden plötzlich die in der Warnfarbe Gelb gezeichneten Hinterflügel sichtbar und schrecken den Angreifer ab. Der Überraschungseffekt wird mit etwas Glück zur Flucht genutzt. Beim Besuch des Bienenstockes stößt der Falter die Piepstöne aus, um die Bienen zu beruhigen, da sie vermutlich den Lauten der Bienenkönigin ähneln. Nachgewiesen wurde dieses Phänomen bisher jedoch nicht.

Wenn der Falter ab Juni bei uns eintrifft, legen die Weibchen nach der Paarung die Eier an eine Reihe von Nachtschattengewächsen wie Kartoffeln, Tomaten oder Tollkirsche ab. Die Raupe ist in auffälliger Warntracht gelb und grüngelb gezeichnet oder selten auch braun gefärbt. Sobald es Zeit zur Verpuppung ist, gräbt sie sich 20 bis 50 cm tief in den Boden ein und formt sich eine Höhle. Ist der fertige Falter geschlüpft, arbeitet er sich mühsam mit Kopf und Beinen an die Erdoberfläche. In unseren Breiten hat er allerdings selbst so tief im Boden kaum eine Chance, den Winter zu überleben.

Ein Totenkopfschwärmer im Bienenstock, der genüsslich an einer Bienenwabe saugt.

Das Ei

Die Formen, Farben und Größen der Eier von Schmetterlingen variieren stark. Flach, oval, kugelig, zylindrisch flach, mit Rippen, dornenbewehrt, eingekerbt, glatt werden sie je nach Art an eine Unterlage geklebt, z.B. Zweige, Gras, Rindenritzen oder die Blätter verschiedener Nahrungspflanzen der Raupe.

Auch die Farben sind sehr unterschiedlich. Vielfach verändert sich die Farbe eines Eies je nach Entwicklungsstand von hell nach dunkel. Tagfalter wie der Schwalbenschwanz

Einzelnes Ei des Schwalbenschwanzes

Ein Schwalbenschwanz bei der Eiablage

legen ihre Eier einzeln ab, andere wie der Trauermantel kleben 200 und mehr Eier rund um den Zweig einer Weide. Bei manchen Arten kann das Weibchen auch schon mal mehrere tausend Eier ablegen. Einige werfen ihre Eier einfach wahllos auf den Boden, wie das Schachbrett. Das Landkärtchen z.B. klebt die Eier zu Türmchen aneinander an Blätter der Brennnessel. Eier können bei vielen Arten als Überwinterungsstadium dienen. Die Entwicklung der Raupe im Ei dauert je nach Temperatur zwischen acht Tagen und drei Wochen.

Das Eigelege eines Trauermantels

Landkärtchen bilden richtige Türmchen aus ihren Eiern.

Kleiner Feuerfalter

Distelfalter

Aurorafalter

Lungenenzian-Bläuling

Zitronenfalter

Schlüsselblumen-Würfelfalter

Hummelschwärmer

Frankfurter Ringelspinner

Großes Nachtpfauenauge

Nagelfleck

Abendpfauenauge

Brombeerspinner

Schlehenspinner

Kleines Nachtpfauenauge

Birkenspinner

Japanischer Eichenseidenspinner

Metamorphose beim Schwalbenschwanz

3. Stadium Puppe

Raupe vor der Verpuppung

erwachsene Raupe

2. Stadium: Jungraupe

1. Stadium: Ei

Schlupf mit gefalteten Flügeln

Schlupf-Blutflüssigkeit und Luft wird in die Flügel gepumpt

Flügel sind voll entfaltet

4. Stadium: Falter

Tag- und Nachtfalter gehören unter den Insekten zur Gruppe mit einer vollständigen Verwandlung (Metamorphose). Die vier Entwicklungsphasen Ei, Raupe, Puppe und fertiger Falter (Imago) unterscheiden sich gänzlich voneinander. Der Schwalbenschwanz ist wie die anderen Falter bei seinem Schlupf komplett fertig entwickelt.

Die Raupe

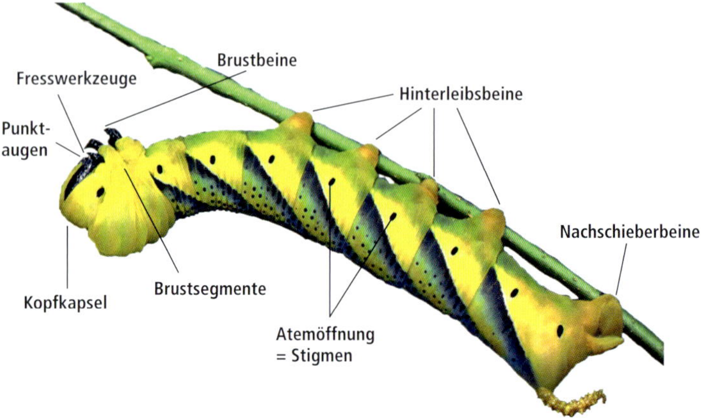

Raupen treten in vielen Formen und Farben auf. Der mit Dornen, Borsten oder Warzen besetzte Körper gliedert sich in 14 Abschnitte, Segmente genannt. Der Kopf mit den Kauwerkzeugen verfügt über Punktaugen, die nur eine hell-dunkel Unterscheidung vermitteln. Je drei Beine pro Seite liegen vorne im Brustabschnitt (bei Spannerraupen sind es nur ein Paar), am Hinterleib sitzen die Bauchbeine und am Hinterende ein letztes Paar Beine, die sogenannten Nachschieber. Rot und Gelb signalisieren als Warnfarben Ungenießbarkeit oder Gift, das manche Raupen mit den Blättern ihrer Nahrungspflanzen aufnehmen. Mit Grün und Braun tarnen sich andere Arten, um im Blattwerk oder an Rinde, Zweigen und Halmen möglichst wenig aufzufallen. Dies geht bei manchen Nachtfaltern bis zur Anpassung (Mimese) an das Aussehen von Pflanzen. Die Raupe des Grünen Blattes beispielsweise ahmt die Blü-

Die Wolfsmilchschwärmerraupe und die der Ahorn-Rindeneule zeigen deutlich ihre Warnfarben.

ten der Birke nach, viele Raupen der Spannerartigen sehen aus wie Äste, die Kupferglucke wie verwelkte Blätter oder die Raupe der Wiesenrauten-Goldeule wie Vogelkot (s. auch Kapitel „Fressfeinde und Parasiten", S. 35). Andere, wie die Kohlweißlinge, haben Warnfarben oder Tarnung gar nicht nötig; sie werden von Vögeln, ihren Jägern, nicht beachtet, da sie im Raupenstadium mit der Nahrung aufgenommene Senföle im Körper einlagern.

Dies nützt auch dem Zitronenfalter, der unter Vorspiegelung falscher Tatsachen das Aussehen der Weißlinge vortäuscht. Obwohl der Falter gar keine übel schmeckenden Stoffe im Körper hat, zahlt es sich für ihn aus. Er hat nichts von den Vögeln zu befürchten.

Noch auffälliger machen es die Vertreter der Glasflügler, sie ahmen wehrhafte Wespen oder Hornissen nach. Geradezu perfekt darin ist der Hornissenschwärmer. Er sieht nicht nur aus wie eine Hornisse, sondern verhält sich, bis auf die fehlende Fähigkeit zu stechen, auch sehr ähnlich. Man nennt diese Form der Nachahmung Mimikry.

Das Innere der Raupe besteht zum größten Teil aus den Verdauungsor-

Die Raupe des Grünen Blattes ähnelt einer Birkenblüte.

ganen. Kleine Löcher an den Seiten bilden die Atemöffnungen. Dieses Entwicklungsstadium dient rein der Nahrungsaufnahme. Raupen, die sich je nach Art von einer einzigen bestimmten Pflanzenart ernähren müssen, verhungern, wenn diese nicht mehr verfügbar ist. Man nennt diese Art der Ernährung monophag. Kleiner Fuchs, Tagpfauenauge oder Landkärtchen sind Vertreter der monophagen Raupen, sie fressen alle nur an der Großen Brennnessel. Eine weitere Gruppe ernährt sich von miteinander verwandten Pflanzenarten, wie der Große Schillerfalter, der an verschiedenen Weidenarten frisst. Diese Ernährungsweise nennt man oligophag. Raupen, die an vielen verschiedenen Pflanzenarten fressen können, nennt man polyphag. Sie sind nicht auf bestimmte Pflanzenarten angewiesen. Zu dieser Gruppe zählen unter den Nachtfaltern bei-

Die Raupe des Gebüsch-Grünspanners ahmt perfekt ein Ästchen nach.

spielsweise viele Bärenspinner. Ein Vertreter, der Braune Bär, kann an Weiden, Brennnesseln oder Disteln leben.

Die Raupe beißt beim Schlupf mit ihren Mundwerkzeugen die Eihülle auf, die viele Arten als erste Mahlzeit sogar verzehren. Raupen sind reine Fressmaschinen. In möglichst kurzer Zeit so viel Nahrung wie möglich aufzunehmen, ist vorrangiges Ziel. Mehrmalige Häutungen, bis zu fünf Mal, ermöglichen das Wachsen der Raupe bis kurz vor dem Verpuppen. Die größte Raupe bei uns ist die des Totenkopfschwärmers mit bis zu 12 cm Körperlänge. Vier bis sechs Wochen kann das Raupenstadium dauern, eine Reihe von Schmetterlingsarten überwintern auch als Raupe, ohne weiter Nahrung aufnehmen zu müssen. Manche Raupen der Nachtfalter färben sich kurz vor dem Verpuppen um und fangen an, auf der Suche nach einem geeigneten Verpuppungsplatz oft weite Strecken herumzuwandern. Bei Schwärmern, die sich im Erdreich verpuppen, formt die Raupe nach dem Eingraben noch einen Hohlraum. Letzte Verdauungssekrete werden ausgeschieden, bevor sich die Raupe häutet und die Puppenhülle zum Vorschein kommt. Im

Die Raupe der Wiesenrauten-Goldeule ist leicht mit Vogelkot zu verwechseln.

Inneren vollzieht sich nun eine vollständige Verwandlung, die Organe lösen sich auf und werden in die des späteren Falters umgebaut.

„Mörderische" Raupen"?

Zwei grüne Raupen fressen friedlich nebeneinander auf dem Blatt einer Linde. Plötzlich kriecht eine der beiden zur anderen, packt sie, beißt hinter dem Kopf zu und beginnt sie zu verzehren, bis nur noch die leere Raupenhaut übrig ist. Eine sogenannte Mordraupe, in diesem Fall die Raupe einer Trapezeule, hat zugeschlagen. Sie bevorzugt die Raupen des Kleinen Frostspanners. Die Raupen einiger Nachtfalter haben einen solchen sehr ausgefallenen Speiseplan, sie geben sich nicht mit pflanzlicher Nahrung zufrieden.

Die Raupe der Trapezeule ist eine sogenannte Mordraupe.

Kein Leben ohne Ameisen

Die Raupen einiger Vertreter aus der Tagfalterfamilie der Bläulinge haben eine ganz besondere Lebensweise. Sie sind mit Ameisen „befreundet". Ameisen werden durch einen Duft aus Drüsen am Raupenkörper angelockt. Haben die Ameisen eine Raupe aufgrund des Duftes gefunden, beschützen sie diese durch ihre Anwesenheit in gewisser Weise vor Feinden. Als Belohnung sondert die Raupe eine süße Flüssigkeit ab, die von den Ameisen gerne aufgesaugt wird.

Raupe des Hauhechelbläulings

Andere Bläulingsarten haben ein noch wesentlich engeres Verhältnis zu Ameisen, sie sind auf bestimmte Arten von Knotenameisen angewiesen. Zu diesen Ameisenbläulingen gehören bei uns fünf Vertreter: der Helle und der Dunkle Wiesenknopf- sowie der Lungenenzian-, der Kreuzenzian- und der Thymian-Ameisenbläuling. Die Falter legen ihre Eier regulär wie andere Artgenossen an ihren Nahrungspflanzen in Bereichen ab, die von den Nestern ihrer späteren Wirtsameisen meist nicht allzu weit entfernt sind. Die Raupen fressen zwei bis drei Wochen an den Blüten und lassen sich dann zu Boden fallen. Von den Wirtsameisen werden sie hier oft nur zufällig aufgefunden und regelrecht adoptiert, d.h. ins Nest eingetragen. Das Risiko für die Raupe, keiner Ameise zu begegnen und verhungern zu müssen, ist relativ hoch. Und auch von der falschen Knotenameisenart ins Nest eingetragen zu werden, hat zur Folge, dass die Raupen vernachlässigt werden und absterben. Wenn aber eine der richtigen Wirtsameisen die Raupe findet, wird ihr vorgegaukelt, dass es sich bei der Raupe um eine Larve der eigenen Art handelt, und sie wird ins Nest geschleppt. Es helfen dabei, zumindest beim Kreuzenzian-Ameisenbläuling, Duftstoffe der Raupe, sogenannte Pheromone, den Fürsorgetrieb der Ameisen zu wecken. In den unterirdisch gelegenen Ameisennestern verbringen die Raupen dann ihr restliches Leben in diesem Stadium. Die Raupen des Enzian-Ameisenbläulings werden von den Ameisen gefüttert, während die anderen drei Arten parasitieren, sie ernähren sich nämlich von der Brut ihrer Wirtsameisen. Die Raupen verbringen auch den Winter geschützt im Nest und verpuppen sich dort, bevor sie im Frühsommer schlüpfen und durch die Ameisengänge ins Freie gelangen.

Die Puppe

Die Puppe eines Totenkopfschwärmers

Manche Raupen hängen sich kopfüber an Pflanzenstängel und Äste, andere, wie die des Totenkopfschwärmers, graben sich im Boden ein und formen dort in bis zu 20-50 cm Tiefe einen Hohlraum, in dem sie sich verpuppen. Wieder andere produzieren mit den Spinndrüsen ein seidenartiges Gespinst, so z.B. die Zahnspinner, Glucken und einige weitere Familien, oder einen harten, mit einem Sekret zusätzlich verklebten, stabilen Kokon, wie der Große Gabelschwanz. Eisvögel und Ordensbänder geben sich weniger Mühe. Sie rollen sich in einem Blatt zusammen, das sie mit den Spinndrüsen zusammenheften und verpuppen sich darin. Eine Reihe von Faltern, wie z.B. der Schwalbenschwanz, spinnen sich zur Verpuppung einen Faden wie einen Gürtel um den Körper, sie bilden eine sogenannte Gürtelpuppe. Der Kleine Fuchs hingegen spinnt sich bei der Verpuppung mit dem Hinterleibsende kopfüber an einen Pflanzenstängel. Diese Form nennt man Stürzpuppe.

Die Puppe ist vorne starr und hat am Hinterleib bewegliche Segmente, mit denen sich einige Arten auch heftig bewegen können, um die Raupenhaut abzustreifen. Einzelne Merkmale sind an der Puppe schon sichtbar angelegt, beim Windenschwärmer beispielsweise sind die Köcher für die Beine und Fühler oder den Rüssel gut zu erkennen.
Manche Arten schlüpfen schon nach einigen Tagen, ein großer Teil, fast die Hälfte der heimischen Falter, überwintert jedoch als Puppe. Die fertig entwickelten Falter befreien sich aus den Puppenhüllen, indem sie diese an vorbestimmten Stellen durch Körperbewegungen auftrennen. Darüber hinaus müssen manche noch aus einem harten Kokon schlüpfen. Hierzu schaffen sie mit Hilfe von Sekreten, die das robuste Gespinst an einer Stelle auflösen, eine Öffnung. Andere frisch geschlüpfte Falter arbeiten sich aus einiger Tiefe durchs Erdreich an die Oberfläche. Dies alles geschieht mit den kleinen, schlaffen, zusammengefalteten Flügeln, die beim Schlupf-

vorgang durch Störung oder sonstige Probleme nur selten beschädigt werden. Die Schmetterlinge suchen eine geeignete Stelle an einer Pflanze oder einer anderen senkrechten Struktur, wo sie frei hängend ihre Flügel mit Blutflüssigkeit und Luft aufpumpen. In dieser Zeit sind alle Falter leicht angreifbare Beute für Fressfeinde. Sie können noch nicht fliegen, weil die Flügel und der Körper an der Luft erst einmal aushärten müssen. Vor dem ersten Flug geben sie eine Flüssigkeit, das Mekonium ab, das aus überflüssigen Körpersekreten besteht, die während des Puppenstadiums nicht ausgeschieden werden konnten.

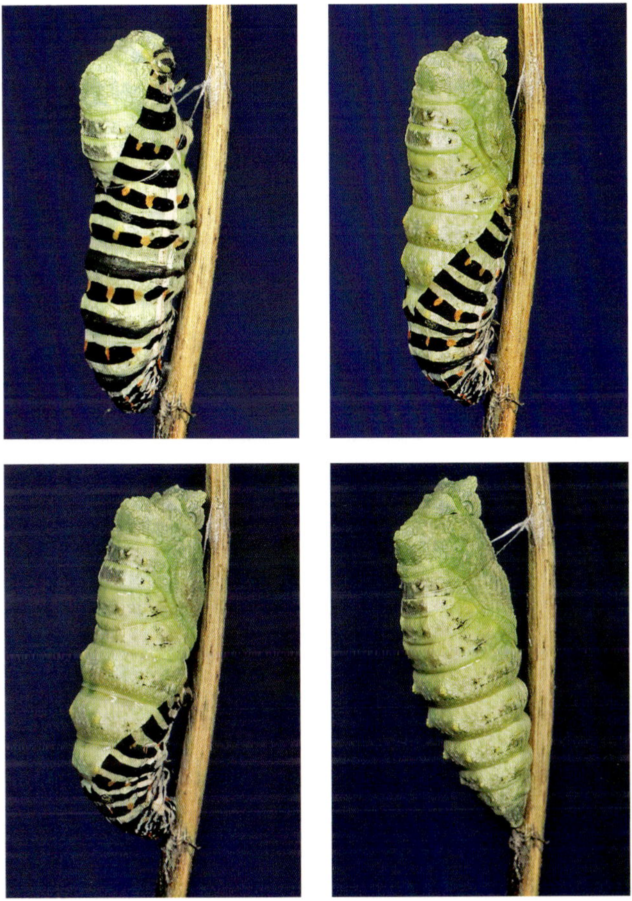

Die einzelnen Phasen der Verpuppung eines Schwalbenschwanzes

Fetthennenbläuling

Kleiner Feuerfalter

Admiral

Tagpfauenauge

Distelfalter

Aurorafalter

Erdbeerbaumfalter

Großer Schillerfalter

Windenschwärmer

Zitronenfalter

Trauermantel

Landkärtchen

Kaisermantel

Maivogel

Kleiner Eisvogel

Apollofalter

Partnerfindung

Es ist ein lauer Frühsommerabend im Mai. Ein Männchen eines Kleines Nachtpfauenauges aus der Familie der Pfauenspinner begibt sich auf die Suche nach einer Partnerin. Das Weibchen sitzt einige Kilometer entfernt in einer Hecke und verbreitet über eine Drüse am Hinterleib einen betörenden Lockstoff, Pheromon genannt, der das andere Geschlecht magisch anzieht. Der Wind steht günstig und trägt einige Moleküle dieser chemischen Verbindung zum Männchen. Dieses besitzt dafür hochempfindliche Empfangsorgane. Seine Antennen oder „Fühler" (die aber nicht zum Tasten und Fühlen dienen, sondern zum Riechen) sind stark gefiedert, so dass sie Platz für 30.000 bis 40.000 Sinneszellen bieten. Einige Moleküle des Duftstoffes, eine unglaublich geringe Konzentration, genügen, um bei günstigen Windverhältnissen Männchen über mehrere Kilometer anzulocken. In einem Fall wurden Spinnermännchen aus 16 km Entfernung angezogen, bei zwei anderen

Das Porträt des Männchen des Kleinen Nachtpfauenauges zeigt deutlich die stark gefiederten Antennen.

Das Weibchen des Kleinen Nachtpfauenauges hat das Männchen angelockt und es kommt zur Paarung.

Arten wurden Signalwirkungen bis 11 km nachgewiesen. Einige Nachtfalter flogen sogar noch einen leeren Karton an, in dem Tage zuvor ein Weibchen ihrer Art gesessen hatte. Die aktivierten Sinneszellen der Antennen unseres Nachtpfauenauges melden ihm die Anwesenheit des Weibchens. Es reagiert mit Fühlerbewegungen und Flügelschwirren. Gegen die Windrichtung beginnt es seine Suche. Im Zickzack fliegend kann es jeweils die stärkste Intensität der Lockstoffe erkennen und über die langsam stärker werdenden Düfte schließlich die Partnerin finden. Das Weibchen, mit viel kleineren Antennen (es muss sich ja nicht auf die Suche nach einem Partner begeben) und schwergewichtig von seinen vielen Eiern im Bauch, verharrt träge auf seinem Platz. Bewegte es sich von der Stelle, würde es dem Faltermann die Suche nur erschweren. Nicht bei allen Arten locken allerdings die Weibchen. Bei der urtümlichen Gruppe der Wurzelbohrer verströmen Männchen auf abendlichen Pendelflügen Duftstoffe aus Drüsen an den Hinterbeinen und locken damit Partnerinnen an. Sind in diesem Fall die Antennen beider Geschlechter noch gleich groß, so haben die Weibchen einer südamerikanischen Kleinschmetterlingsart stark befiederte Fühler. Bei den rund 3500 in Deutschland vorkommenden Nachtfalterarten ist die Art der Partnerfindung mit Hilfe von Lockstoffen der Weibchen jedoch die übliche Methode. Am besten ausgeprägt ist sie bei den Männchen der Spinnerarten, die deshalb auch die größten, am stärksten gefiederten Antennen aufweisen; die der Weibchen sind dagegen wenig gefiedert. Die Antennen erfüllen aber auch noch einen anderen Zweck, sie dienen nämlich als Geschmacksorgan bei der Nahrungssuche. Bei den Tagfaltern kommen auch optische Tricks für die Partnerfindung zum Einsatz, wie z. B. Farben oder Muster. Bei einigen Arten von Tagfaltern besitzen die Männchen sogenannte Duftschuppen, die Pheromone abgeben und damit die Weibchen anlocken, wie beispielsweise der Kaisermantel.

Deutlich sind die Duftschuppen des Kaisermantels zu sehen.

Wanderungen

Es beginnt unauffällig mit dem Auftauchen einiger Distelfalter im April 2009. Man muss dazu wissen, dass der Distelfalter, ein Vagabund unter den heimischen Tagfaltern, ständig unterwegs ist. Er kommt bis aus Nordafrika zu uns. Das Jahr 2009 war jedoch besonders. Ab Mai tauchten immer mehr Distelfalter bei uns in Süddeutschland auf. Manche Falter sahen aus wie frisch geschlüpft, nicht so als wären sie schon 3000 oder 4000 Kilometer geflogen. Es sind Falter aus dem Mittelmeerraum. Dort war es zu einer Massenvermehrung gekommen, so dass sich Unmengen auf der Suche nach neuen Nahrungspflanzen auf den Weg gemacht hatten. Durch häufige Niederschläge war das Angebot an Pflanzen hoch gewesen und die Falter hatten sich so zahlreich vermehrt, dass sie zum Wandern angeregt wurden. Die Distelfalter schlugen nun eine Richtung nach Norden ein und flogen schnell und zielgerichtet durch Flusstäler der Alpen oder westlich daran vorbei auch nach Deutschland.

Mitte Mai begann dann ein einzigartiges Schauspiel: Hunderte Millionen der Falter flogen von Süden Richtung Norden mehrere Tage über das ganze Land. Eine Menge von ihnen blieb und legte Eier ab. Ein Teil der folgenden Faltergeneration wanderte später wieder über die Alpen zurück nach Süden, allerdings verteilt und unauffälliger als bei ihrem Einzug.

Eine Reihe von Tag- und Nachtfaltern sind Wanderfalter, wie der Admiral, das Taubenschwänzchen oder der riesige Totenkopfschwärmer. Dieser ist ein schneller Flieger und kommt manchmal im Frühjahr aus Nordafrika nach Mittel- und sogar Nordeuropa. Der schnellste von allen ist der Windenschwärmer. Auf seinem Weg aus Afrika übers Mittelmeer nach Mitteleuropa kann er dank seines aerodynamisch günstig geformten Körpers bei Rückenwind auf fast 100 km Geschwindigkeit kommen und so auch Skandinavien erreichen.

Die Überlebensstrategie der Wanderfalter ist auf Flexibilität ausgelegt und sie können sich damit weite Lebensräume erschließen. So ist der Distelfalter fast über den gesamten Globus verbreitet. Ihre Wanderungen sind dem Vogelzug, an den Größenverhältnissen gemessen, durchaus ebenbürtig.

Der Distelfalter ist der Vagabund unter den heimischen Tagfaltern, da er ständig unterwegs ist.

Fressfeinde und Parasiten

Schmetterlinge sind begehrte Beute einer Vielzahl von Jägern. Einige Vogelarten sind wendig und geschickt genug, um die Falter sogar im Flug zu erbeuten, wie die exotisch anmutenden Bienenfresser.
Die Raupen zur Massenvermehrung neigender Arten, wie beispielsweise die des Frostspanners, sind zur Aufzuchtzeit der Jungen wichtiger Bestandteil des Speisezettels vieler Vogelarten. Auch unter den Insekten jagen zahlreiche Arten Schmetterlinge. Libellen können ab und zu einen der Falter ergreifen, dabei wird nur der Körper verzehrt, die Flügel bleiben übrig. Einige Krabbenspinnenarten haben sich auf die Ansitzjagd auf Blüten spezialisiert. Im Extremfall kann sich das Weibchen einer bestimmten Art, der Veränderlichen Krabbenspinne, an die Farbe der Blüte, auf der es sitzt, anpassen und geduldig im Hinterhalt den Schmetterlingen auflauern. Auch Raubfliegen können Falter fangen. Waldameisen und sogar Heuschrecken wie das Grüne Heupferd erbeuten mit viel Glück Schmetterlinge beim Blütenbesuch oder am Boden.
Die Raupen der Falter sind eine fast noch begehrtere Beute, zahlreiche Fressfeinde wie Ameisen, Spinnen, Wespen, und Käfer machen Jagd auf sie.
Der Puppenräuber und der Raupenjäger sind spezialisiert auf in Massen auftretende Arten wie Eichenprozessionsspinner oder Schwammspinner.
Die Gemeine Sandwespe lähmt die Raupen mit einem Stich und schleppt sie anschließend als lebenden, aber bewegungsunfähigen Nahrungsvorrat zu ihrer Brut ins Nest.
Schließlich sind noch unter den Schlupf- und Brackwespen einige Arten, die Raupen und Puppen parasitieren. Sie stechen ihre Opfer an und legen ihre Eier in deren Körper. Die Larven fressen sich regelrecht durch die weiterlebende Raupe, bis sie am Ende ihrer Entwicklung schlüpfen. Amphibien wie Erdkröten, Säugetiere wie Spitzmäuse und Maulwürfe stellen Raupen, Puppen und Schmetterlingen nach. Sogar eine Pflanzenfamilie ist in der Lage Schmetterlinge passiv zu erbeuten. Die drei heimischen Sonnentauarten

Der Bienenfresser ist ein geschickter Jäger. Hier zu sehen mit einem erbeuteten Taubenschwänzchen sowie mit einem Tagpfauenauge.

sind potenzielle, klebrige Fallen für Falter und andere Insektenarten.
Infektionen durch Viren, Pilze und Bakterien sind bei Massenvermehrung und bestimmten Witterungsbedingungen, wie hoher Feuchtigkeit, ein weiterer bestandsregelnder Faktor.

Eine Raubfliege hat einen Dickkopffalter gefangen.

Doch sind Schmetterlinge nicht ganz hilflos ihren Fressfeinden ausgesetzt. Die einen arbeiten mit dem Überraschungseffekt, sie tragen die Warnfarben Rot oder Gelb auf ihren Hinterflügeln. Manche haben noch eine Stufe mehr zur Verfügung und zeigen Augenzeichnungen auf den Hinterflügeln, wie das Abendpfauenauge. Bei Störung klappen die Vorderflügel blitzartig nach oben und die Warnfarben bzw. Augenzeichnung wird sichtbar. Den Überraschungseffekt kann der Falter jetzt nutzen, mit etwas Glück den Angreifer verwirren und wegfliegen.
Das Tagpfauenauge führt diesen Trick beim Besuch von Blüten durch nervös scheinendes Öffnen und Schließen der Flügel aus. Vögeln präsentiert es damit ständig die sich bewegende Augenzeichnung aufs Neue. Unterseits ist das Tagpfauenauge wie viele andere Falter sehr unscheinbar gefärbt und gezeichnet. Mit hoch geklappten Flügeln sieht es einem alten vertrockneten Blatt sehr ähnlich und ist damit gut getarnt. Unter den Nachtfaltern ist die Kupferglucke ein gutes Beispiel für die Imitation eines welken Blattes.
Viele Raupen weichen ihren Feinden einfach aus, indem sie tagsüber

Puppenräuber mit der Raupe des Eichenprozessionsspinners.

Eine Krabbenspinne hat ein Landkärtchen erbeutet.

versteckt ruhen und nur nachts fressen.

Auch bei Raupen kommt die Methode des Tragens von Warnfarben wie Rot und Gelb in verschiedenen Kombinationen zum Einsatz. Diese Raupen ernähren sich an giftigen Pflanzen, wie Wolfsmilch oder Greiskräutern, und bauen deren Inhaltsstoffe in den Körper ein. Auch die Falter enthalten später noch die Giftstoffe.

Raupen, die in großen Mengen auftreten, leben oft in Gemeinschaftsnestern oder bauen widerstandsfähige Gespinste wie die Prozessionsspinner. Sie sind zudem mit wirksamen Abwehrwaffen ausgestattet, indem sie stark behaart sind. Die Haare brechen und erzeugen wahrscheinlich bei vielen Vögeln Probleme mit der Verdauung, beim Menschen führen sie oft zu starken Nesselreaktionen auf der Haut. Nur vom Kuckuck ist bekannt, dass er in der Lage ist, die Raupen des Eichenprozessionsspinners oder des Schwammspinners in größeren Mengen ohne Probleme zu verzehren.

Die Raupe des Schwalbenschwanzes hat noch einen anderen Abwehrtrick

Die Kurzstiel-Sandwespe schleppt eine Erdeulenraupe zum Bau.

auf Lager, sie fährt bei Störung eine orangefarbene Ausstülpung ähnlich einer Gabel am Nacken aus, die einen abstoßenden Duft absondert.

„Ohren" und Ultraschall

In Versuchen konnte man nachweisen, dass Nachtfalter nicht nur hervorragend riechen, sondern auch gut hören können. Abends lockte man mit Licht verschiedene Falterarten in einen Raum, in dem man mit Hilfe eines Senders Töne zwischen 4 und 176 kHz erzeugte. Bei einer bestimmten Frequenz be-

Eine Blaupfeillibelle mit erbeutetem Ochsenauge.

Ein Scheckenfalter ist am Sonnentau festgeklebt.

schleunigten die Falter ihren Flug, flogen im Zickzack, schlugen Haken oder ließen sich fallen. Sitzende Falter ergriffen die Flucht, sobald die Tonquelle eingeschaltet wurde, oder legten die Flügel dicht an den Körper und „stellten sich tot". Die heftigsten Reaktionen der Eulen und Spanner – hauptsächlich diese beiden Nachtfaltergruppen fanden sich in dem Versuchsraum ein – wurden bei Frequenzen zwischen 60 und 80 kHz und Entfernungen zwischen vier und fünf Metern von der Schallquelle festgestellt. Nun wussten die Forscher durch Untersuchungen verschiedener Falterarten, dass diese mit Trommelfellen ausgestattete „Ohren", die sogenannten Tympanalorgane, besitzen. Aber welchen Nutzen brachte es den Tieren, gerade in diesem Bereich zu hören und entsprechend zu reagieren? Sie schützen sich damit vor ihren Hauptfeinden, den Fledermäusen, die mit Rufen zwischen 60 und 80 kHz ihre Beute zu orten und dann zu fangen versuchen. Auch diese Vermutung konnte man in einem Versuch belegen. Die ebenfalls zu den Nachtfaltern gehörenden Bärenspinner begnügen sich nicht damit, beim Zusammentreffen mit einer Fledermaus einfach die Flucht zu ergreifen. Sie stoßen vielmehr ihrerseits Ultraschalllaute aus. Ob diese die Nachtjäger erschrecken, durch Störung ihres Peilsystems irritieren oder nach Art von Warnfarben akustisch „warnen" sollen, ist noch nicht bekannt.

Nachdem die Schlupfwespe ihre Eier in einer Puppe abgelegt hat, schlüpfen die fertigen Wespen.

Eine Wiesenameise hat die Raupe einer Traubenkirschen-Gespinstmotte erbeutet.

Gefährdung und Schutz unserer Tag- und Nachtfalter

Kaum eine andere Ordnung eignet sich so gut wie die Schmetterlinge, um den Zustand unserer Natur zu beschreiben. Schmetterlinge haben erheblich unter von Menschen gemachten Umwelteinflüssen zu leiden, da sie sehr empfindlich auf Veränderungen ihrer Lebensbedingungen reagieren. Viele Falter haben sich auf ganz bestimmte Lebensräume spezialisiert. Im Laufe der Evolution haben sie ihre ökologischen Nischen mit ganz speziellen klimatischen Bedingungen und vielen anderen Faktoren wie dem Nahrungspflanzenangebot gefunden. Schon das Verschwinden einer bestimmten Pflanzenart, an die die Raupe einer dieser hoch spezialisierten Arten gebunden ist, führt unweigerlich zum Aussterben des Schmetterlings. Dies mag vielleicht auf den ersten Blick als Nachteil erscheinen, hat aber durchaus einen Sinn. Das Nutzen einer einzelnen Nahrungspflanzenart vermeidet Konkurrenz zu anderen Schmetterlingsarten. So könnten theoretisch an jeder Pflanzenart eines Lebensraumes Raupen einer anderen Schmetterlingsart leben. Damit erhöht sich die Anzahl der am Standort möglichen Arten erheblich. Eine andere Anpassung besteht darin, giftige Inhaltsstoffe, die gewisse Pflanzen zur Abwehr von Fressfeinden eingelagert haben, zu verwerten und die Gifte zum eigenen Schutz im Körper speichern. Die Zeiten, zu denen Raupe und Falter leben, sind von Art zu Art verschieden, so verteilt sich auch zeitlich die Nutzung des Nahrungsangebotes. Zusätzlich werden oft verschiedene Teile der Pflanzen genutzt, so dass selbst die Raupen jener Arten, die an denselben Pflanzen leben, nicht unweigerlich Nahrungskonkurrenten sein müssen.

Nicht nur die zunehmende Zersiedelung, Bebauung, Versiegelung durch Straßenbau und weitere Infrastrukturmaßnahmen, sondern vor allem auch die rapide Intensivierung der Landwirtschaft nach dem Zweiten Weltkrieg haben zum Verlust von Lebensräumen geführt. Feuchtgebiete wurden entwässert und in Äcker verwandelt, Moore abgetorft, Magerrasen gedüngt und in Maisäcker verwandelt. Landschaftsstrukturen wie Hecken, Feldgehölze und Brachen wurden durch Flurbereinigungen vernichtet, Waldlichtungen aufgeforstet und ganze Laubwälder in Nadelholzmonokulturen verwandelt. Der damit einhergehende Verlust vieler lebensnotwendiger Nahrungspflanzen nimmt den Raupen der Falterarten die Lebensgrundlage.

Lebensraumverlust durch Straßenbau und Zersiedelung

Umbruch einer Wiese in Ackerland.

Überall wurde die intensive Landwirtschaft vorangetrieben. Der Einsatz von Dünge- und Spritzmitteln findet flächendeckend statt und beeinflusst selbst die Falterbestände in angrenzenden Naturschutzgebieten. Wiesen, so wie man sie sich vorstellt, mit einer bunten Vielfalt an Blütenpflanzen, existieren heute praktisch nicht mehr. Die Überdüngung mit Gülle und Mineraldüngern hat aus ihnen intensiv genutzte Fettwiesen mit einigen wenigen dominierenden Pflanzenarten wie dem Löwenzahn gemacht. Hier kann kein Schmetterling mehr leben. Wenn sich doch einmal einer dorthin verirren und sogar noch Eier ablegen sollte, wird seine Raupe mitsamt der Nahrungspflanze durch kurz aufeinander folgendes Mähen erledigt. Die in Wiesen fliegenden Schmetterlingsarten brauchen bestimmte Pflanzen für ihre Raupen, auf die sie spezialisiert sind. Hohe Stickstoffgaben vertragen die meisten dieser Pflanzenarten nicht und verschwinden ebenso wie die Falter. Stickstoff, der aus Quellen wie Verkehr, Industrie und Haushalten mit jedem Regen aus der Luft ausgewaschen wird, treibt den Gesamteintrag auf mittlerweile weit mehr als 30 kg pro Hektar und Jahr. Zu allem Überfluss werden in unserem so ordnungsliebenden Land ohne ersichtlichen Grund auch noch Flächen an Weg-

Eine der zahlreichen Umweltsünden: Torfabbau und Moorzerstörung.

Überdüngung und intensive Landwirtschaft zerstören zunehmend den Lebensraum unserer Schmetterlinge.

und Straßenrändern ständig intensiv gemäht. Hier, wo die Landwirtschaft mit ihren Giften und Düngern nicht hinkommt, wäre oft noch Platz für eine Fülle von Blütenpflanzen, die den Faltern Nahrung und Eiablagemöglichkeiten bieten könnten. Die Auswirkungen der Gentechnik in der Landwirtschaft könnten weitere Probleme für unsere Schmetterlinge und andere Tierarten mit sich bringen. Vorgänge, Mechanismen und Wechselwirkungen durch das Freisetzen genveränderter Organismen lassen sich in der freien Natur wohl erst in Jahrzehnten abschätzen.

Die althergebrachten Nutzungen, wie die extensive Mahd von Wiesen zum passenden Zeitpunkt oder eine angemessene, nicht zu intensive Beweidung vieler Flächen, war unrentabel und ist aufgegeben worden. Viele aus Sicht des Naturschutzes wertvolle Biotope verbuschten und bewaldeten sich wieder. Weiterer Lebensraumverlust war die Folge. Große Teile dieser Biotope in unserer Landschaft sind erst durch solche Nutzungsformen entstanden.

Die Auswirkungen, die der Klimawandel für die Falterpopulationen mit sich bringt, lassen sich in ersten Studien nur grob abschätzen. Vor allem empfindliche Arten mit hohen Ansprüchen an ihren Lebensraum werden vermutlich zusätzlich zu leiden haben, wenn sich die klimatischen Bedingungen ändern.

Ein weiterer Aspekt, der vor allem Nachtfalterarten Probleme bereitet, ist der verschwenderische Einsatz von Lichtquellen in unserer Zivilisation. Nachtfalter orientieren sich in der freien Natur an Mond und Fixsternen. Die Tiere benutzen diese feststehenden Lichtquellen

Der Anbau von Nutzpflanzen in Naturschutzgebieten beeinflusst ebenfalls die Bestände der Falterpopulationen.

Der Einsatz von Pestiziden in der Agrarwirtschaft gefährdet die unterschiedlichsten Schmetterlingsarten.

zur Navigation und halten beim Flug bestimmte Winkel zu ihnen ein. Künstliche Lichtquellen führen dazu, dass die Falter abgelenkt werden und die künstliche Lichtquelle spiralförmig in Kreisen anfliegen. Je höher der UV-Anteil des Lichtes ist, umso größer ist die anlockende Wirkung. Die Tiere verbrennen oft an der Lichtquelle, verfangen sich dort oder werden von ihrem eigentlichen Verhalten bei Partnerfindung, Fortpflanzung und Eiablage abgehalten und sind schließlich leichte Beute für Vögel und andere Fressfeinde.

Die derzeitige Naturschutzgesetzgebung trägt zum Erhalt der Artenvielfalt unserer Tag- und Nachtfalter nur wenig bei, da die eigentlichen Gefährdungsursachen durch Gesetze, wie die Bundesartenschutzverordnung oder die Naturschutzgesetze der einzelnen Länder, kaum beschränkt wird. Es werden hauptsächlich nur Fang, Sammeln oder Störung geregelt, während beispielsweise „gute landwirtschaftliche Praxis“ oft ausdrücklich davon ausgenommen wird, selbst wenn dies in der Natur zur Vernichtung ganzer Falterpopulationen führen kann. In Roten Listen wird die Gefährdungssituation der einzelnen Arten aufgeführt. Man findet mittlerweile an die 50 % der heimischen Arten in den Kategorien „vom Aussterben bedroht“, „stark gefährdet“ oder „gefährdet“, ohne dass dies wirklich ernsthafte Konsequenzen für den Umgang mit deren sensiblen Lebensräumen hat. So wird der Artenschwund sich weiter fortsetzen. Nur ein grundlegender Wertewandel der Gesellschaft und von Seiten des Gesetzgebers kann hier etwas verändern.

Auch die sogenannte Lichtverschmutzung schadet den Faltern.

Die Schmetterlingsfamilien im Überblick

Die folgende Übersicht zeigt die in diesem Buch behandelten Schmetterlingsfamilien im Überblick. Jeder Familie ist ein Vertreter zugeordnet, der die typischen Merkmale dieser Familie zeigt.

Tagfalter

1. Schwalbenschwänze und Segelfalter (*Papilionidae* S. 88)
   Die Falter sind recht groß mit weißer oder hellgelber Grundfarbe. Die Familie umfasst in Mitteleuropa sechs Arten.

Schwalbenschwanz

2. Weißlinge (*Pieridae* S. 91)
   Falter mit weißer oder gelber Grundfarbe und mehr oder weniger schwarzen Flecken. Ca. 26 Arten in Mitteleuropa.

Aurorafalter

3. Edelfalter, Perlmutterfalter, Scheckenfalter, Augenfalter (*Nymphalidae* S. 97 ff.)
   Falter mittlerer Größe mit sehr unterschiedlicher Farbzeichnung und Mustern bei Perlmutter- und Scheckenfaltern und gekernten Augenflecken bei den Augenfaltern. Ca. 114 Arten in Mitteleuropa.

Trauermantel

4. Bläulinge, Feuerfalter, Zipfelfalter (*Lycaenidae* S. 127 ff.)
   Kleine Falter mit beim Männchen meist blauen, beim Weibchen eher dunklen Flügeloberseiten. Die Männchen der Feuerfalter sind auf den Flügeloberseiten orangerot gefärbt. Zipfelfalter haben einen schwanzartigen Flügelfortsatz. Ingesamt gibt es 59 Arten in Mitteleuropa.

Silbergrüner Bläuling

Lilagold-Feuerfalter

Blauer Eichen-Zipfelfalter

5. Dickkopffalter (*Hesperiidae* S. 123)
   Die Falter mittlerer und kleiner Größe wirken plump und gedrungen mit einem im Verhältnis recht groß wirkenden Kopf und gekeulten Fühlern. In Mitteleuropa gibt es ca. 26 Arten.

Sonnenröschen-Würfel-Dickkopffalter

Nachtfalter

6. Bärenspinner (*Arctiidae* S. 148)
Oftmals schwarz-weiß gezeichnete Vorderflügeloberseiten stehen vielfach farbig gezeichneten Hinterflügeln gegenüber. Einige Arten sind aber auch eher unauffällig gefärbt und gezeichnet. In Mitteleuropa sind 61 Arten vertreten.

Augsburger Bär

7. Schwärmer (*Sphingidae* S. 155)
Mit ihrer aerodynamischen Körperform auf gute Flugeigenschaften hin entwickelte Schmetterlingsfamilie mit auffällig langen Vorderflügeln und kleinen Hinterflügeln. Ihre Flugeigenschaften sind die besten unter den Schmetterlingen. Viele der Familie können mit ihrem langen Rüssel im Schwirrflug an Blüten saugen und werden manchmal von Laien mit Kolibris verwechselt. Mit 21 Arten in Mitteleuropa vertreten.

Wolfsmilchschwärmer

8. Sichelflügler und Eulenspinner (*Drepanidae* S. 164)
Die Sichelflügler haben Vorderflügel, die an der Spitze in Form einer Sichel gebogen sind. Mit 7 Arten in Mitteleuropa vertreten.

Weidensichelspinner

8.1. Unterfamilie der *Drepanidae*: Eulenspinner (*Thyatirinae* S. 162)
Die 10 Arten der Eulenspinner werden systematisch zu den damit insgesamt 17 Sichelflügler- und Eulenspinner- (*Drepanidae*-) Arten in Mitteleuropa gezählt. Die Falter sehen den Eulen ähnlich.

Achatspinner

9. Spanner (*Geometridae* S. 165)
Kleine bis mittelgroße Falter, die gerne mit ausgebreiteten und an den Untergrund angedrückten Flügeln sitzen. Viele sind gut getarnt und an ihren Untergrund (z.B.) Rinde gut angepasst. Andere wiederum sind auffällig gefärbt. Mit 517 Arten neben den Eulen und Wicklern als artenreichste Familie in Mitteleuropa vertreten.

Grünes Blatt

10. Glucken (*Lasiocampidae* S. 208)
Die Falter haben eine sehr gedrungene und dickleibige Körperform. Die Flügel sind in ruhendem Zustand dachförmig zusammengelegt und ähneln dann oft verwelkten Blättern. 22 Arten sind in Mitteleuropa vertreten.

Kupferglucke

11. Zahnspinner (*Notodontidae* S. 212)
Die Falter tragen eher gedeckte, unauffällige Farben, der Rüssel ist verkümmert. Die Flügel dachförmig angeordnet. In Mitteleuropa sind 37 Arten vertreten.

Mondfleck

11.1. Prozessionsspinner (*Thaumetopoeidae* S. 218)
Als Unterfamilie zu den Zahnspinnern gehörend, mit 3 Arten in Mitteleuropa repräsentiert.

Kiefern-Prozessionsspinner

12. Eulen (*Noctuidae* S. 185)
Die Falter sind oft gut getarnt, auf den Vorderflügeln rindenartig gefärbt und gezeichnet, oft mit behaarten Fortsätzen am Rücken. Die Hinterflügel oftmals auffällig farbig. Mit über 640 Vertretern in Mitteleuropa die artenreichste aller Falterfamilien.

Heidekrauteulchen

13. Schneckenspinner (*Limacodidae* S. 217)
Gedrungene Körperform mit breiten Flügeln, mit 2 Arten in Mitteleuropa vertreten.

Großer Schneckenspinner

14. Pfauenspinner (*Saturniidae* S. 219)
Die recht großen Falter haben sowohl auf Vorder- wie auf Hinterflügeln je einen auffälligen farbigen Augenfleck. Die Fühler sind doppelt befiedert. Mit 8 Arten in Mitteleuropa vertreten.

Kleines Nachtpfauenauge

15. Birkenspinner (*Endromidae* S. 220)
Mit einer Art in Mitteleuropa vertreten ist der Falter aufgrund seiner rotbräunlich, weiß gescheckten Flügelzeichnung unverwechselbar.

Birkenspinner

16. Wurzelbohrer (*Hepialidae* S. 221)
Falter mit schmalen, langgezogenen Flügeln, in Ruhestellung dachförmig angewinkelt. Mit 7 Arten in Mitteleuropa vertreten.

Ampfer-Wurzelbohrer

17. Trägspinner (*Lymantriidae* S. 222)
Falter von mittlerer Größe, oft stärker behaart. Die Männchen haben gefiederte Fühler, um die Lockstoffe verströmenden Weibchen aufzufinden. Die Familie ist mit 17 Arten in Mitteleuropa vertreten.

Schwammspinner

18. Widderchen (*Zygaenidae* S. 225)
Kleine Falter mit schmalen Flügeln und meist roten Flecken auf schwarzem Grund oder bei einigen Arten schillernd grüner Färbung. Die Familie ist mit über 30 Arten in Mitteleuropa vertreten.

Sechsfleck-Widderchen

19. Holzbohrer (*Cossidae* S. 229)
Die kräftig gebauten Falter haben von Art zu Art ein unterschiedliches Aussehen. In Mitteleuropa gibt es nur 6 Arten.

Weidenbohrer

20. Glasflügler (*Sesiidae* S. 230)
Das auffälligste Merkmal sind die glasartig durchscheinenden Flügel, die nur am Flügelrand beschuppt sind. Ihre oft schwarzgelbe Körperzeichnung lässt sie manchmal Wespen ähneln. Über 50 Arten sind in Mitteleuropa vertreten.

Hornissen-Glasflügler

21. Zünsler (*Pyralidae* und *Crambidae* S. 231)
Kleine, oft recht farbig gezeichnete Falter. Mit 350 Arten in Mitteleuropa vertreten.

Purpurroter Zünsler

22. Wickler (*Tortricidae* S. 236)
Kleine Falter mit eckig erscheinenden Flügeln. Mit ca. 590 Arten in Mitteleuropa vertreten.

Wickler

23. Faulholzmotten (*Oecophoridae* S. 244)
Kleine Falter, die sehr unterschiedlich aussehen, aber auffällig große Kiefertaster haben. Knapp 60 Arten gibt es in Mitteleuropa.

Faulholzmotte

24. Gespinstmotten (*Yponomeutidae* S. 247)
Die kleinen Falter haben im Ruhezustand ein schmales, längliches Aussehen und sind mit kleinen schwarzen Punkten auf meist weißem Grund gezeichnet. Mit über 70 Arten in Mitteleuropa vertreten.

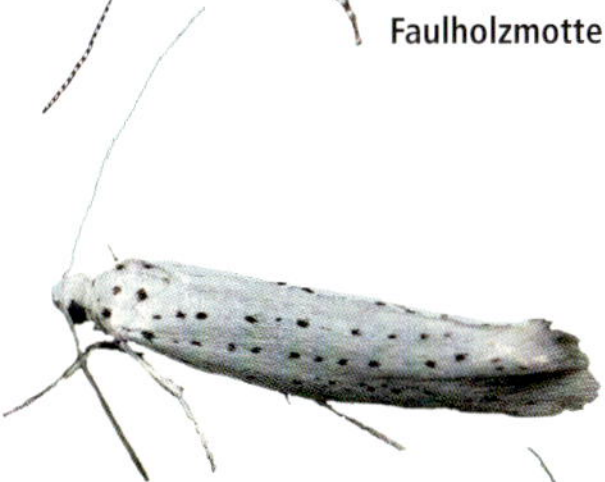

Traubenkirschen-Gespinstmotte

25. Langhornmotten (*Adelida* S. 249)
Die kleinen Falter haben metallisch glänzende Flügel und auffällig lange Fühler. Über 30 Arten kommen in Mitteleuropa vor.

Langhornmotte

26. Miniermotten (*Gracilliariidae* S. 251)
Die sehr kleinen Falter haben am Flügelrand lange Fransen. Etwa 140 Arten sind in Mitteleuropa vertreten.

Minimiermotte

27. Echte Motten (*Tineidae* S. 251)
Die Falter sind sehr klein und unauffällig gefärbt, nur der Kopf ist oft intensiv gelblich behaart. Etwa 85 Arten sind in Mitteleuropa vertreten.

Micropterix Tunbergella

28. Sackträger (*Psychidae* S. 255)
Die Weibchen der meisten Arten haben verkümmerte Beine und fehlende Flügel. Sie halten sich in den Gespinstsäcken auf, nur die Männchen sind flug- und damit bewegungsfähig. Fast 100 Arten sind in Mitteleuropa vertreten.

Siebolds Felsflur-Sackträger

29. Federmotten (*Pterophoridae* S. 256)
Die kleinen Falter haben schmale, gespaltene, bei manchen Arten federartig gefranste Flügel. Ca. 80 Arten gibt es in Mitteleuropa.

Federmotte

30. Fensterfleckchen (*Thyrididae* S. 255)
Nur durch eine Art in Mitteleuropa vertreten, sind die tagaktiven Falter gut an den durchsichtigen Fenstern in den Flügeln zu erkennen.

Waldreben-Fensterfleckchen

Darüber hinaus gibt es bei den Kleinschmetterlingen noch ein ganze Reihe weiterer Familien, die hier aus Platzgründen nicht näher aufgeführt werden konnten. Deutsche Namen der Schmetterlingsfamilien nach Pröse et al. (2003) und Kaltenbach & Küppers (1987).

Lebensräume der Schmetterlinge

Zum Bestimmen und Auffinden unserer heimischen Schmetterlinge ist es hilfreich zu wissen, wo man suchen muss, bzw. in welchem Lebensraum man sich gerade befindet, wenn man Schmetterlinge beobachtet, die man nicht kennt. Viele unserer Falter können nur in ganz bestimmten Biotopen leben. So sind beispielsweise der Hochmoor-Gelbling und der Hochmoor-Perlmutterfalter an das Hochmoor gebunden, weil ihre Eiablage- und Raupennahrungspflanzen nur hier vorkommen. Der Storchschnabel-Bläuling kann zwei unterschiedliche Biotope nutzen, der eine trocken, der andere feucht. Seine Raupen fressen zwei verschiedene Storchschnabelarten. Andere haben nur wenige Lebensraumpräferenzen, weil ihre verschiedenen Futterpflanzen an vielen Stellen wachsen und sie keine bestimmten kleinklimatischen Bedingungen zum Aufwachsen benötigen. So sind Wanderfalter wie der Distelfalter und der Totenkopfschwärmer Nomaden, die überall zurechtkommen, wenn dort ihre Raupenfutterpflanzen wachsen. Manche Falter leben auch in zwei verschiedenen Lebensräumen zu unterschiedlichen Tageszeiten, wie die Schillerfalter. Die Vormittagsstunden verbringen sie meist am Boden, wo sie an feuchten Stellen oder an Tierkot saugen, während die Nachmittagsstunden in den Baumwipfeln mit der Balz und Paarung verbracht werden. Auch die Höhenlage der Lebensräume bestimmt über das Vorhandensein von Arten. Im Folgenden werden die Lebensräume mit ihren wichtigsten Falterarten vorgestellt, im Artenteil sind den Faltern dann Lebensräume zugeordnet.

Steigerwald

Berghexe

Alexis-Bläuling

Roter Scheckenfalter

Lebensraum Trockenrasen

Hornklee-Glasflügler

Weißer Waldportier

Großer Perlmutterfalter

Thymian-Widderchen

Jakobskrautbär

Esparsetten-Widderchen

Trockenrasen bietet vielen Tagfalterarten Heimat, die eher im südlichen Europa verbreitet sind. Warm, trocken und voll mit den verschiedensten Blütenpflanzenarten findet sich hier eine Reihe seltener Schmetterlinge. Im Sommer können an manchen Stellen in Bodennähe Temperaturen von 50° bis zu 70° Celsius herrschen. Bereiche mit Felsen und Geröll oder Abraumhalden von Steinbrüchen speichern die Wärme. Der Pflanzenwuchs ist meist lückig und nicht sehr hochragend, wodurch viel Licht bis an den Boden gelangt. Unterschiede in der Artenzusammensetzung der Vegetation ergeben sich aus der Bodenbeschaffenheit. Auf saurem oder basischem Substrat wachsen jeweils spezifische Pflanzengesellschaften. Dazwischen gibt es eine Anzahl von Ausprägungen, die sich durch die vorherrschenden Pflanzenarten definieren lassen. Die meisten dieser Trocken- und Halbtrockenrasen sind durch menschliche Bewirtschaftung entstanden. Sie können oft nur durch das Weiterführen dieser Bewirtschaftung erhalten werden, beispielsweise durch extensive Beweidung mit Schafen und Ziegen. Wichtig für die vielen bedrohten Schmetterlingsarten, die hier vorkommen, ist Nährstoffarmut

Schachbrettfalter

Himmelblauer Bläuling

im Boden und der damit verbundene Reichtum an ganz bestimmten Pflanzen. Hier haben Raritäten wie der an Fetthenne gebundene Apollofalter und mehr als jede dritte Art der in der Roten Liste bei uns als gefährdet eingestuften Großschmetterlingsarten eine Chance zu überleben, z.B. Segelfalter, Roter Scheckenfalter, Alexis-Bläuling, Esparsetten-Widderchen, Schlüsselblumen-Würfelfalter, Jakobskrautbär, Purpur-Widderchen, Hornklee-Glasflügler, Schachbrettfalter, Berghexe, Weißer Waldportier, Rostbinde, Kleiner und Großer Perlmutterfalter, Silbergrüner Bläuling, Himmelblauer Bläuling, Kleiner Feuerfalter, Hofdame, Mauerfuchs, Wolfsmilchschwärmer und viele andere.

Segelfalter

Silbergrüne Bläulinge

Kleiner Feuerfalter

Hofdame

Birkenspinner

Hochmoor-Perlmutterfalter

Hochmoor-Gelbling

Lebensraum Hochmoor

Gefleckter
Rauschbeerenspanner

Großer Moorbläuling

Blauschillernder Feuerfalter

Lebensraum Wiese

Großes Wiesenvögelchen

Dunkler Wiesenknopf-Ameisenbläuling

Feuchtwiese mit Wiesenknöterich

Blauschillernder Feuerfalter

Baldrian-Scheckenfalter

Dunkler Wiesenknopf-Ameisenbläuling

Unter dem Sammelbegriff Wiese sind eine Reihe verschiedener Lebensraumtypen zu verstehen. Die **Streuwiese** auf feuchtem Untergrund ist durch Bewirtschaftung geprägt. Streuwiesen wurden gemäht und das Mähgut in den Ställen verwendet. Diese Art der Nutzung hat in der modernen Landwirtschaft leider viel von ihrer Bedeutung verloren. Der Naturschutz muss heute oft nachhelfen, um diese Nutzung und damit den Bestand dieses Biotopes aufrecht zu erhalten. Die spezielle Pflanzengesellschaft besteht aus Arten wie Pfeifengras, Teufelsabbiß, Großem Wiesenknopf, Lungen- und Schwalbenwurzenzian, Prachtnelke, verschiedenen Knabenkräutern, der Sibirischen Schwertlilie und vielen anderen. Vertreter der Ameisenbläulinge finden hier ihre Raupennahrungspflanzen und Wirtsameisen. Auf nährstoffreichen Böden sind Hochstaudenfluren, Feuchtwiesen und Niedermoore vorzufinden. **Hochstaudenfluren** treten oft an Gewässerrändern und Rändern von Sümpfen auf. Mädesüß, Blut- und Gilbweiderich, Kohldistel und

Hochstaudenflur mit Blutweiderich

Rauhaariges Weidenröschen sind einige der typischen Pflanzenarten. **Feuchtwiesen** und **Niedermoore** sind dort entstanden, wo das Wasser zurückgehalten wird und nicht abfließen kann. Pflanzen wie der Schlangenknöterich, Trollblume und eine Reihe von Faltern, wie der Blauschillernde Feuerfalter und der Natterwurz-Perlmutterfalter, sind hier beheimatet. Zwischen den einzelnen Lebensraumtypen gibt es zahlreiche Übergangsformen.

Lungenenzian-Bläuling

Großer Moorbläuling

Großes Wiesenvögelchen

Blauäugiger Waldportier

Kleiner Schillerfalter

Kleiner Eisvogel

Kaisermantel

Lebensraum Wald

Nagelfleck

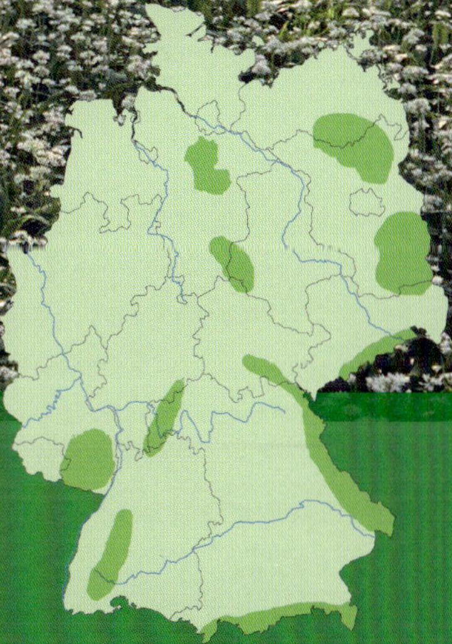

Bevor der Mensch in Mitteleuropa ansässig wurde, waren wahrscheinlich bis zu 90 Prozent der Fläche Mitteleuropas mit Buchenwäldern bedeckt. Inwieweit große Herden von Pflanzenfressern wie Wisente, Auerochsen und andere nach der sogenannten Megaherbivoren-Theorie für offene Flächen in den Waldlandschaften sorgen konnten, ist umstritten. Es ist wohl davon auszugehen, dass Wälder in der wärmeren Periode nach der letzten Eiszeit die dominierende Vegetationsform in unseren Breiten waren.

Der ① Eichenspinner, ② Eichenwickler oder auch der ③ Blaue Eichenzipfelfalter sind typische Vertreter, die in Eichenmischwäldern vorkommen.

Heute bilden Waldtypen unterschiedliche Biotope. Feucht sind die Auenwälder an Flüssen, die Erlen-Buchenwälder, die Birken-Moorwälder, Waldkiefern-Moorwälder und die Bergkiefern-Moorwälder. Eher trockene Standorte bevorzugen Sand- und Schneeheide-Kiefernwälder, Eiche-Hainbuchenwälder und Eichen-Birkenwälder. Die meisten Schmetterlingsarten finden sich in lichten Eichenmischwäldern und allen Waldgesellschaften, in denen die Eiche die vorherrschende Baumart ist. Über 200 Arten von Schmetterlingen bevorzugen Eichen für ihre Entwicklung.

Die Rotbuche ist die andere Waldgesellschaften bestimmende Baumart. Wenig attraktiv als Lebensraum für Schmetterlinge sind eintönige Fichtenforste. Ein paar wenige Nachtfalterarten leben an Fichten, wie der Kiefernspinner oder die Nonne, die

Aurorafalter

Gelbringfalter

Kleiner Eisvogel

Großer Eisvogel

früher von Forstleuten als Schädling angesehen wurden und heute nur noch selten massenhaft auftreten. Die Anzahl der Tagfalter, die im Wald leben können, ist gering, während bei den Nachtfaltern fast die Hälfte der Arten im Wald vorkommen kann. Tagfalter halten sich im Wald an besonders besonnten Stellen, Lichtungen, Waldwegen oder in den Kronen der Bäume auf. Eine Reihe von Pflanzen am Boden dienen als Nektarquellen wie Scharbockskraut, Knoblauchsrauke, Wasserdost, Seidelbast, Flockenblumen, Habichtskräuter, Liguster, Holunder und andere. Die Nachtfalter nutzen noch viele weitere Pflanzen als Nektarquellen wie das Waldgeißblatt, Rote Heckenkirsche, Liguster und weitere Sträucher. Auch austretende Säfte der Laubbäume oder die süßen Ausscheidungen von Blattläusen werden genutzt.

Buchenfrostspanner

Kaisermantel

Trauermantel

Kiefernschwärmer

Schlehenspinner

Nierenfleck

Baum-Weißling

Lebensraum Hecke

Kleiner Schlehen-Zipfelfalter

Gespinstmotten

Hecken und Feldgehölze sind Reste einer ehemaligen bäuerlichen Kulturlandschaft, wie wir sie heute nur mehr selten vorfinden. Die Flurbereinigung hatte seit den 50er bis in die 80er Jahre des letzten Jahrhunderts diese Landschaftselemente systematisch beseitigen lassen. In Norddeutschland in Form von Wallhecken und Knicks, in der Eifel netzartig und auch in der Rhön und im fränkischen Jura sind noch größere Heckenlandschaften vorhanden. Die verschiedenen Bereiche einer Hecke bieten vielen Faltern Nektar aus den Blüten der Bäume und Sträucher, die die eigentliche Hecke bilden, sowie im Saumbereich und am Boden aus dem Angebot der Kräuter und Blütenpflanzen. Hecken erfüllen für unsere Falterfauna – und nicht nur für sie – noch eine Reihe weiterer wichtiger Funktionen, z.B. Schatten, Windschutz, Eiablageplatz, Ansitz- und Sitzwarten für Vögel, Schlafplatz und Schutz vor Witterung für zahlreiche Tierarten. Eine gewisse Breite von etwa drei bis acht Metern vorausgesetzt, bietet eine Hecke Lebensraum ähnlich einem naturnahen Waldrand und dies gleich zweimal, auf beiden Seiten. Je unregelmäßi-

Kleiner Schlehen-Zipfelfalter

Pflaumen-Zipfelfalter

Nachtschwalbenschwanz

Hornissenschwärmer

Grüner Zipfelfalter

ger die Heckenstruktur ist, umso wertvoller ist dieser Lebensraum für Falter. Mit Ecken, geschwungen unterschiedlich breit und hoch, mit größeren Bäumen, lichten Stellen und Krautsaum müssen Hecken behutsam gepflegt werden. Radikale Eingriffe vertragen die hier ansässigen Lebensgemeinschaften ebenso wenig wie gar keine Pflege.

Schlehenspinner

Kreuzdorn-Zipfelfalter

Nierenfleck

Schwanenraupe

Pfeileulenraupe

Eisenhut-Höckereule

Schilfrohr-Wurzeleule

Wasserschwaden-Röhrichteule

Lebensraum Ufer

Seerosenzünsler

Gewässerufer sind Bindeglieder zwischen Wasser und Land. Ein amphibischer Lebensraum, der mit dem Wechsel von Überflutung und Trockenfallen eine wichtige Funktion für eine Vielzahl von Bewohnern hat. Es ist nicht gerade ein Biotop, von dem man gleich vermuten würde, dass auch hier einige unserer Falter leben. Ein paar Vertreter aus der Familie der Zünsler sind Wasserbewohner, zumindest im Raupenstadium und als Puppe. Sechs der heimischen Zünslerarten zählen dazu. Die Falterweibchen legen ihre Eier an die Schwimmblätter von See- und Teichrosen, Laichkrautarten, Seekanne oder den Wasserknöterich. Der Seerosen- und der Wasserlinsenzünsler gehören ebenfalls zu den Arten, die sich im Laufe der Evolution diese Nische erschlossen haben. Als Falter verbringen sie ihr Leben im Schilf und Röhricht der Ufer und im Bereich der Schwimmblattzone stehender oder langsam fließender Gewässer. Auch bei den Eulenfal-

Eisenhut-Höckereule

Seerosenzünsler

Wasseraloe-Zünsler

Schilfrohr-Wurzeleule

Wasserschwaden-Röhrichteule

tern gibt es einige, die sich auf die Schilf- und Röhrichtpflanzen spezialisiert haben. Ihre Raupen haben sich angepasst und können die schwer verdaulichen und durch eingelagerte Kieselsäure harten Pflanzen fressen. Die Schilfrohr-Wurzeleule bewohnt den Schilfbereich an Gewässerrändern. Sie verpuppt sich im Erdboden und braucht trockene Stellen am Ufer, um sich eingraben zu können. Eine intakte Uferzone mit entsprechend strukturiertem Pflanzengürtel ist für die Falter und eine ganze Reihe weiterer Tiere und Pflanzen als Lebensraum notwendig. Schon einige Meter Uferrandstreifen in einer ansonsten landwirtschaftlich geprägten Umgebung genügen, um eine reichhaltige Fauna und Flora zu schützen und gleichzeitig die Gewässer vor dem Eintrag von Düngemitteln und Pestiziden besser abzuschirmen.

Intakte Uferzonen stellen ein lebensnotwendiges Habitat für Falter und andere Insekten dar.

Hochalpenapollo

Alpengelbling

Berg-Weißling

Lebensraum Alpen

Alpen-Scheckenfalter

Je nach Höhenstufe gibt es in den Alpen Felsfluren, Wälder und Wiesen, die gemäht oder beweidet werden. Viele der im Flachland bzw. in den Tälern lebenden Falterarten dringen zwar auch in größere Höhen vor, aber in den Hochlagen finden sich nur Schmetterlinge, die mit den rauen klimatischen Bedingungen zurechtkommen. Der Hochalpen-Apollofalter ist einer von ihnen. Er lebt in den Quellfluren und an den Gebirgsbächen mit Bewimpertem Steinbrech, von dem seine Raupe sich ernährt. An feuchten Erdstellen in der Nähe finden sich auch eine Reihe von Mohrenfalterarten, Weißlings-, Dickkopffalter- und Bläulingsarten zum Saugen ein, ihre Raupen wachsen in den alpinen Rasen auf. In der obersten Höhenstufe sind Felsfluren und Schutthalden vertreten. Ab einer Höhe von 3500 Metern sieht man nur noch einige wenige Falterarten, hier beginnt die lebensfeindliche Zone.

Heller Alpen-Bläuling

Eros-Bläuling

Alpen-Perlmutterfalter

Alpen-Heufalter

Alpengelbling

Mohrenfalter *Erebia pronoe*

Mohrenfalter *Erebia tyndarus*

Hochalpenapollo

Alpen-Scheckenfalter

Berg-Weißling

Kleiner Alpen-Bläuling

Schwalbenschwanz

Apollofalter

Lebensraum Acker und Ödland

Idas-Bläulinge

Postillon

Steinbrüche im Altmühltal bieten Rückzugsgebiete für inzwischen selten gewordene Arten.

Landwirtschaftlich intensiv genutzte Flächen sind in der Regel artenarm, heimische Schmetterlinge haben hier nur wenige Überlebenschancen. Dazwischen gibt es jedoch Flächen, die nicht oder nur zeitweise bewirtschaftet werden. Weg- und Straßenränder, Ackerraine, Brachflächen, Kiesgruben, Sandgruben und Steinbrüche dienen als Ersatzlebensräume. In ihnen finden sich hauptsächlich die anspruchsloseren und anpassungsfähigen Falterarten. In entsprechendem Umfeld kann jedoch ein aufgelassener Steinbruch auch ein Rückzugsgebiet für seltene Arten sein. So überlebt in Bayern, im Altmühltal, eine Seltenheit wie der Apollofalter und einige weitere Arten der Roten Liste in den Kalksteinbrüchen und Abraumhalden. Hier kann sich in den trocken-warmen Bereichen im Gegensatz zu den umgebenden landwirtschaftlichen Flächen eine reichhaltige Flora behaupten und die Grundlage für die Raupen bilden.

In der Regel sind diese Flächen kein Ersatz für die ursprünglichen Biotope, aber sie können Rückzugsbereiche und Vernetzung zwischen den isolierten Biotopen in unserer zivilisationsgeprägten Landschaft schaffen.

Großes Ochsenauge

Brauner Waldvogel

Hauhechel-Bläuling

Grünader-Weissling

Apollofalter

Postillon

Kleiner Perlmutterfalter

Schwalbenschwanz

Idas-Bläulinge

Tagpfauenauge

Admiral

Lebensraum Gärten und Parks

Ligusterschwärmer

Gammaeule

Untersuchungen zeigen, dass Gärten und Parks durchaus einen wichtigen Lebensraum für unsere heimischen Falter darstellen können. So ist die Artenvielfalt in Städten manchmal ganz beachtlich, in einer Münchner Parkanlage beispielsweise wurden in einer fest installierten Lichtfalle weit über 300 Arten nachgewiesen. Diese Fülle hängt damit zusammen, dass in Städten unterschiedliche Biotoptypen nebeneinander auftreten; auch das Umland spielt hier eine wichtige Rolle, wenn von dort Arten einwandern können. Für die wirklich bedrohten und seltenen Arten mit ihren spezifischen Ansprüchen können solche städtischen Lebensräume aber oft keinen ausreichenden Ersatz bieten. Brachliegende Flächen wie Kiesgruben, Standortübungsplätze oder Rangier- und Gleisanlagen stellen dagegen wichtige Rückzugsbereiche dar. Ihre Existenz erklärt die oft erstaunlich hohen Artenzahlen in städtischen Bereichen. In naturnahen Parks und Gärten können Stadtbewohner am einfachsten ihre ersten Beobachtungen der heimischen Schmetterlingswelt machen. Bunt-exotische Gärten mit standortfremden Zierpflanzen und Koniferen bieten den Faltern dagegen wenig, oft noch nicht einmal Nektar.

Gammaeule

Kleiner Fuchs

Tagpfauenauge

Admiral

Großer Kohlweißling

Faulbaumbläuling

Birkenspanner

Rundflügel-Kätzcheneule

Brauner Bär

Gothica-Kätzcheneule

Ligusterschwärmer

Hausmutter

Schwalbenschwänze und Segelfalter

Große bis sehr große Falter

J	F	M	A	M	J	J	A	S	O	N	D

Schwalbenschwanz

Papilio machaon

Hinterflügel mit langen Schwänzchen. Adern im Vorderflügel schwarz betont, schwefelgelb mit schwarzer Zeichnung. 50–75 mm Spannweite. Flugzeit: in zwei bis drei Generationen von April bis Juni und Juli bis September in sonnigen, offenen, blütenreichen Gebieten, Wiesen, Waldlichtungen, Magerrasen, Steinbrüchen, Brachflächen, naturnahen Gärten. Besucht gerne rotviolette Blüten wie Flockenblumen, Kratzdisteln, Sommerflieder, in warmen Jahren 3. Generation möglich. Raupe von Ende Juni bis Oktober an Doldenblütlern wie Wilder Möhre, Karotte, Wiesen-Silau, Kümmel-Silge, Berg- und Sumpf-Haarstrang, Pastinak, Kleine Bibernelle, Weinraute. RL V.

J	F	M	A	M	J	J	A	S	O	N	D

Hochalpenapollo

Parnassius phoebus

Vorder- und Hinterflügel mit roten Flecken, Hinter- und Vorderflügelränder durchsichtig, schwarz-weiß geringelte Fühler. Spannweite 5–6 cm. Flugzeit: in einer Generation von Ende Juni bis Ende August nur in den Hochalpen in Bayern von 1500–2500 m, sowohl an feuchten Standorten und entlang von Bergbächen als auch an trockenen, mit Felsen durchsetzten Plätzen. Raupe von April bis Juli an Bach-Steinbrech oder Rosenwurz. In Deutschland selten. RL 1.

Schwarzer Apollo

Parnassius mnemosyne

Hinterflügel rund, ohne Schwänzchen. Alle Flügel ohne rote Flecken, Vorderflügelspitzen durchsichtig, durch die schwarzen Flecken gut vom Baumweißling unterscheidbar. Spannweite 45–60 mm. Flugzeit: je nach Höhenlage in einer Generation von Mai bis Juli an Rändern lichter Laubmischwälder mit extensiv bewirtschafteten Wiesen und Hochstaudenfluren und auf Waldlichtungen in der Nähe von Lerchenspornbeständen, auf bis zu 1800 m Höhe. Raupe von Juni bis November an Lerchenspornarten, die ausreichend besonnt sind, am Rand von lichten Laubwäldern. Vom Aussterben bedroht. RL 1.

J	F	M	A	M	J	J	A	S	O	N	D

Apollo

Parnassius apollo

Hinterflügel mit roten Flecken. Weiß mit durchsichtigen Vorderflügelspitzen. Spannweite 6,5–7,5 cm. Flugzeit: in einer Generation von Anfang Juli bis Mitte August, in Mittelgebirgen und den Alpen auf besonnten, felsigen Hängen mit sehr niedriger Vegetation und Weiden, Steinbrüchen, Abraumhalden, Bahn- und Straßendämmen und Weinbergsmauern. An Witwenblumen, Flockenblumen, Disteln und anderen saugend. Raupe von Ende Juli bis März des Folgejahres an Weißer Fetthenne, an gut besonnten Stellen. In Deutschland selten, vom Aussterben bedroht. RL 1.

J	F	M	A	M	J	J	A	S	O	N	D

Segelfalter

Iphiclides podalirius

Hinterflügel lang geschwänzt, noch länger als beim Schwalbenschwanz. Adern im Vorderflügel dunkel eingefasst, blassgelb. Vorderflügel mit schwarzer Querzeichnung. 50–70 mm Spannweite. Flugzeit: in einer Generation (in warmen Regionen Europas bis drei Generationen) von Mitte April bis Ende Juli. Blütenbesuch bevorzugt an hellen, weißen Blüten wie Weißdorn, Holunder, Pflaume, Liguster, aber auch Natternkopf, Salbei und anderen, sehr wärmeliebend, an sonnigen, heißen auch felsigen Trockenrasenhängen mit niedrigem Schlehengebüsch, sogenannten Krüppelschlehen, in Steinbrüchen, an Bahndämmen, warmen, gut besonnten Waldlichtungen. Raupe von Mitte Juni bis Juli an Schlehe, vereinzelt auch an Weißdorn, Pflaume, Kirsche, Eberesche. In Deutschland sehr selten. RL 2.

J	F	M	A	M	J	J	A	S	O	N	D

Flügeldetail

Weißlinge und Gelblinge

Großer Kohlweißling

Pieris brassicae

Dunkle Randzeichnung bis zur Mitte der Vorderflügeloberseite. Das Weibchen besitzt zusätzlich zwei schwarze Flecken auf der Vorderflügelunterseite, die beim Männchen fehlen. Spannweite 5 bis 6,5 cm. Flugzeit: in drei Generationen von Mai bis Ende September an verschiedenen Stellen mit Blüten- und Futterpflanzen in Gärten, Ruderalflächen, Kohlfeldern in fast allen Biotopen außer geschlossenen Wäldern. Raupe von Mai bis Oktober an Kohlsorten und verschiedenen Kreuzblütlern wie Raps und Kapuzinerkresse.

J	F	M	A	M	J	J	A	S	O	N	D

Kleiner Kohlweißling

Pieris rapae

Die dunkle Randzeichnung (Apikalfleck) auf der Vorderflügeloberseite ist kleiner als beim Großen Kohlweißling. Spannweite bis zu 5 cm. Flugzeit: bis zu vier Generationen im Jahr von März bis November weit verbreitet, wo die Futterpflanzen wachsen, z.B. in Gärten oder Kohlfeldern. Raupe von Juni bis Oktober an verschiedenen Kreuzblütlern wie Kohl, Kapuzinerkresse.

J	F	M	A	M	J	J	A	S	O	N	D

Baumweißling

Aporia crataegi

Flügelflächen in der Grundfarbe weiß mit schwarzen Adern. Spannweite bis zu 6,5 cm. Flugzeit: in einer Generation Mai bis Juni in verschiedenem sonnig-warmen, gebüschreichen Kulturland, an Waldrändern und in Wiesen mit Futterpflanzen. Raupen von Juli mit Überwinterung bis Juni nächsten Jahres an verschiedenen Wildkirschen- und Kulturkirschenarten, Apfel, Birne und Eberesche. In Mitteleuropa ist der Falter stark zurückgegangen. RL 5.

J	F	M	A	M	J	J	A	S	O	N	D

Bergweißling

Pieris bryoniae

Dem Grünader-Weißling ähnlich, Adern der Unterseite deutlich grau bestäubt. Spannweite bis zu 5 cm. Flugzeit: in ein bis zwei Generationen von Anfang Juni bis Anfang August auf Bergwiesen und feuchten Matten und in Wiesen an Bergbächen in den höheren Lagen. Raupe von Juni bis Juli an Brillenschötchen.

J	F	M	A	M	J	J	A	S	O	N	D

Grünader-Weißling
Pieris napae
Die Vorderflügeloberseite ist dem Kleinen Kohlweißling in der Flügelzeichnung sehr ähnlich. Äderung der Flügelunterseite grünlichgrau gesäumt. Spannweite 3,5 bis 4,5 cm. Flugzeit: in zwei bis drei Generationen von April bis Mai, Mitte Juni bis Juli und September.
Häufige Art in verschiedensten Lebensräumen wie Wäldern und Wiesen. Raupe von Mai bis Oktober an Schaumkraut, Knoblauchsrauke, Ackersenf und anderen.

J	F	M	A	M	J	J	A	S	O	N	D

Tintenfleck-Weißling
Senfweißling
Leptidea sinapis
Die Unterseite zeigt einen weißen Fleck. Fühlerkolben schwarz, am Ende braun. Spannweite 3–4 cm. Der Falter ist nur vom Spezialisten sicher von weiterer Art *(L. reali)* unterscheidbar. Flugzeit: in zwei bis drei Generationen von Mai bis Juni und Juli bis August in verschiedenen Lebensräumen wie sonnig-warmen Waldwiesen und Waldrändern. Raupe von Mai bis Anfang September an verschiedenen Platterbsenarten und Hornklee. RL V.

J	F	M	A	M	J	J	A	S	O	N	D

Aurorafalter
Anthocharis cardamines
Männchen dank orangener Flecken unverwechselbar. Die Hinterflügelunterseite grüngelb gesprenkelt. Spannweite bis 4,5 cm. Flugzeit: in einer Generation Mitte März bis Ende Juni auf Feuchtwiesen und in lichten blütenreichen Wäldern und Waldrändern. Raupe von Mai bis Juli an Wiesenschaumkraut, Knoblauchsrauke, Gänsekresse und verschiedenen Kreuzblütlern.

J	F	M	A	M	J	J	A	S	O	N	D

Hochmoorgelbling
Colias palaeno
Weiße, dunkel oder rötlich eingefasste Flecken auf der Unterseite der Vorderflügel. Spannweite bis 5 cm. Flugzeit: in einer Generation von Anfang Juni bis August in Hochmooren. Falter ist auf Nektar angewiesen und braucht blütenreiche Streuwiesen oder Hochstaudenfluren in der Umgebung des Moores. Raupe von August mit Überwinterung bis Mai an besonnten Standorten der Rauschbeere. RL 2.

J	F	M	A	M	J	J	A	S	O	N	D

Postillon
Wandergelbling
Colias crocea
Flügeloberseite orangerot gefärbt. Die schwarzen Säume auf den Flügeloberseiten sind beim Männchen von gelben Adern durchzogen, beim Weibchen gelb gefleckt. Spannweite 3,5 bis 4 cm. Flugzeit: in zwei bis drei Generationen von Mai bis November. Der Wanderfalter kommt aus Südeuropa über die Alpen. In den letzten Jahren konnten aber auch Überwinterungen von Raupen nachgewiesen werden. Fliegt in offenem, trockenem Gelände, auf Wiesen. Raupe von Juli mit Überwinterung bis April des folgenden Jahres an Luzerne, Kronwicke, Klee und anderen Schmetterlingsblütlern.

J	F	M	A	M	J	J	A	S	O	N	D

Alpengelbling
Colias phicomone
Der Falter ist mit keiner anderen Gelblingsart verwechselbar. Grundfarbe beim Männchen gelb-grün, beim Weibchen hell gelb-grün, In weiß überlaufend. Spannweite sehr variabel bis 4,5 cm. Flugzeit: im Allgemeinen in einer, gelegentlich zwei Generationen von Anfang Juni bis Ende August im gesamten Alpenraum. Raupe von August mit Überwinterung bis Juni des folgenden Jahres an Wicken, Hufeisenklee, Hornklee und anderen Schmetterlingsblütlern auf blütenreichen Alpenwiesen und Bergmatten bis in 2500 m Höhe.

J	F	M	A	M	J	J	A	S	O	N	D

Zitronenfalter

Gonepteryx rhamni

Die Flügelkontur ist unverwechselbar mit hervortretendem Flügelgeäder. Spannweite bis zu 5,5 cm. Die Flügel bleiben fast immer geschlossen. Flugzeit: in 1–2 Generationen von Mitte Juli mit Überwinterung im Freien bis Ende Juni des Folgejahres an Waldrändern und auf Waldlichtungen, in Gärten auf verbuschendem Grünland und an Hecken. Der Falter gehört zu den häufigsten heimischen Arten, jedoch nehmen die Bestände ab. Der langlebigste aller unserer Schmetterlinge, lebt fast ein ganzes Jahr. Raupe von Mai bis Juli an Faulbaum und verschiedenen Kreuzdornarten. Partiell kann eine zweite Generation auftauchen.

J	F	M	A	M	J	J	A	S	O	N	D

Edelfalter

Großer Eisvogel

Limenitis populi

Rote und blaue Zeichnung am Rand der Flügeloberseite, Anteil der weißen Fleckung bei Männchen und Weibchen unterschiedlich intensiv, Weibchen mit mehr weiß. Spannweite bis 8 cm. Flugzeit: in einer Generation Ende Mai bis Ende Juli in Mischwäldern mit Lichtungen in Mittel- und Osteuropa. Raupe von Juli mit Überwinterung bis Mai an Zitterpappel. In Deutschland selten geworden. RL 2.

J	F	M	A	M	J	J	A	S	O	N	D

Kleiner Eisvogel

Limenitis camilla

Flügeloberseite braunschwarz mit weißer Fleckenbinde. Spannweite bis 5 cm. Flugzeit: in einer Generation Mitte Juni bis Anfang August. Raupe von Juli mit Überwinterung bis Mai an Roter Heckenkirsche in Auwäldern und feuchteren Laubwäldern, recht häufig. Falter besucht selten Blüten, um Nektar zu saugen.

J	F	M	A	M	J	J	A	S	O	N	D

Weibchen

Kleiner Schillerfalter

Apatura ilia

Flügeloberseite wie Großer Schillerfalter, mit Ausnahme auch auf den Vorderflügeln vorhandenen zusätzlichen Augenflecken. Eine rot schillernde Variante existiert ebenfalls. Spannweite bis 6 cm. Flugzeit: in einer Generation Mitte Juni bis Ende Juli in feuchten Wäldern und Auwäldern an Waldwegen. Raupe von Juli bis Juni des Folgejahres bevorzugt an Zitterpappel. RL 3.

J	F	M	A	M	J	J	A	S	O	N	D

Großer Schillerfalter

Apatura iris

Flügeloberseite braunschwarz mit weißer Fleckenbinde, auf Hinterflügeloberseite ein gelbroter Ring, je nach Lichteinfall mit mehr oder weniger intensivem Blauschiller, beim Weibchen fehlend. Spannweite bis 6,5 cm. Flugzeit: in einer Generation Juni bis Ende Juli. In feuchten Misch- und Auwäldern, an feuchten Stellen auf Waldwegen und Kiesbänken Mineralien saugend zu beobachten. Raupe von Juli bis Juni des Folgejahres bevorzugt an Salweide. Bestand abnehmend. RL V.

J	F	M	A	M	J	J	A	S	O	N	D

Großer Fuchs

Nymphalis polychloros

Orangebraune Grundfärbung mit schwarzer und gelber Fleckung und blauen Flecken am Flügelrand. Spannweite bis 5,5, cm. Flugzeit: in einer Generation von Juli mit Überwinterung bis Mai in lichten Laubwäldern an Waldrändern, Streuobstwiesen. Raupe von Mai bis Juli an Salweide, Zitterpappel, Apfel. Falter sucht gerne Stellen mit austretendem Baumsaft zum Saugen auf. In Mitteleuropa selten, in den letzten Jahren vermutlich in Folge des Klimawandels, da wärmeliebend, wieder etwas öfter zu beobachten. RL 3.

J	F	M	A	M	J	J	A	S	O	N	D

Trauermantel

Nymphalis antiopa

Flügeloberseite gelb und schwarz, umsäumt mit blauen Flecken. Spannweite bis 7,5 cm. Flugzeit: in einer Generation von Juli mit Überwinterung bis Juni des Folgejahres in verschiedenartigen Lebensräumen wie Laubwäldern, Streuobstwiesen in kühleren Klimazonen Mitteleuropas, saugt gerne an Stellen mit austretendem Baumsaft oder Fallobst. Raupe von Juni bis Juli an Salweide, anderen Weidenarten und Hängebirke. Die Raupen werden oft stark von Schlupfwespen parasitiert. RL V.

J	F	M	A	M	J	J	A	S	O	N	D

Tagpfauenauge
Nymphalis io
Einer unserer schönsten und häufigsten Tagfalter, mit ausgeprägten Augenflecken unverwechselbar. Spannweite bis 6,5 cm. Flugzeit: zwei bis drei Generationen Mitte Mai bis Anfang September in verschiedensten Lebensräumen. Überwintert als Falter. Raupe von Ende Mai bis August an Brennnessel. Die Raupen von Tagpfauenauge und Kleinem Fuchs nützen nicht dieselben Brennnesselstandorte. Eine wirksame Strategie, um Konkurrenz zu vermeiden.

J	F	M	A	M	J	J	A	S	O	N	D

Kleiner Fuchs
Nymphalis urticae
Ähnlich Großem Fuchs, aber kleiner. Spannweite bis 5 cm. Flugzeit: in ein bis drei Generationen von Mai bis September in verschiedensten Lebensräumen. Überwintert als Falter. Raupe von Mai bis August an Brennnessel an sonnigen und trockenen Standorten. Früher häufiger, allerdings in den letzten Jahren mit Bestandsschwankungen.

J	F	M	A	M	J	J	A	S	O	N	D

C-Falter

Polygonia c-album

Stark gezackte Flügelränder orangebraun mit unterschiedlich starkem Fleckenanteil. Spannweite bis 5 cm. Flugzeit: in zwei Generationen von Mai bis Anfang August in Wäldern, an Waldrändern und in Obstgärten. Die 2. Generation überwintert. Saugt gerne an Fallobst. Raupe von Mai bis August an Brennnessel, Salweide und anderen Baum- und Straucharten wie Haselnuss oder Hopfen.

J	F	M	A	M	J	J	A	S	O	N	D

Admiral

Vanessa atalanta

Vorderflügeloberseite mit schwarzen Flügelspitzen und eingelagerten weißen Flecken und orangeroter Saumbinde. Spannweite bis 6,5 cm. Flugzeit: in einer Generation von Juni bis Oktober in fast allen Lebensräumen, häufig an Waldrändern und in Gärten. Falter saugt gerne an Fallobst. Raupe frisst von Mai bis August an Brennnesselarten. Kommt als Wanderfalter aus dem Süden zu uns und kann in geschützten Bereichen bei uns überwintern.

J	F	M	A	M	J	J	A	S	O	N	D

Distelfalter
Vanessa cardui
Spitzen der Vorderflügeloberseite dem Admiral sehr ähnlich, ansonsten orangerote Grundfärbung mit schwarzen Flecken. Spannweite bis 6 cm. Flugzeit: in ein bis zwei Generationen Mai bis Oktober überall in blütenreichen Lebensräumen mit Nektarpflanzen. Der Falter legt seine Eier in Form kleiner Türmchen übereinander. Raupe von Mai bis August an Kratzdistel und verschiedensten anderen Pflanzen. Wanderfalter aus Nordafrika, zuletzt im Frühjahr 2009 Masseneinflug nach Deutschland.

J	F	M	A	M	J	J	A	S	O	N	D

Landkärtchen
Araschnia levana
Frühjahrsgeneration orange mit schwarzer Zeichnung, Sommergeneration dunkelbraun mit weißer und orangeroter Bänderung. Spannweite bis 4 cm. Flugzeit: in zwei Generationen Mai bis Juni und Juli bis September. Raupe von Mai bis Anfang September an Brennnessel auf Lichtungen und Waldrändern im Halbschatten. Häufig.

J	F	M	A	M	J	J	A	S	O	N	D

Edelfalter – Perlmutterfalter

Kaisermantel

Argynnis paphia

Größter heimischer Perlmutterfalter mit bis zu 6,5 cm Spannweite. Orangebraun leuchtende Flügeloberseite mit schwarzen Punkten und Streifenzeichnung. Männchen besitzt Duftschuppen auf der Vorderflügeloberseite. Hinterflügelunterseite leicht grünlich. Flugzeit: in einer Generation von Ende Juni bis Mitte September an Waldrändern, auf Waldwegen und Lichtungen. Raupe von August bis Juni des Folgejahres an Veilchenarten und Himbeere.

J	F	M	A	M	J	J	A	S	O	N	D

Mädesüß Perlmutterfalter

Brenthis ino

Oberseite orange mit zwei Reihen schwarzer Punkte und schwarzem Saum am Flügelrand. Hinterflügelunterseite mit einem quer verlaufenden dunkelvioletten Band. Spannweite bis 4 cm. Flugzeit: in einer Generation Juni bis Anfang August in Feuchtwiesen und Niedermoorwiesen. Raupe von April bis Mitte Juni an Mädesüß. RL V.

J	F	M	A	M	J	J	A	S	O	N	D

Feuriger Perlmutterfalter
Argynnis adippe
Je eine Reihe von perlmuttfarbenen und rotbraun umrandeten Flecken auf der Hinterflügelunterseite. Das Männchen besitzt Duftschuppen auf der Vorderflügeloberseite. Spannweite bis 5,5 cm. Flugzeit: in einer Generation Juni bis August in verschiedenartigen gehölzreichen Biotopen, auf lichten Stellen im Wald und Trockenrasen. Raupe von März bis Mai an Veilchenarten.

J	F	M	A	M	J	J	A	S	O	N	D

Großer Perlmutterfalter
Argynnis aglaja
Rotbraun mit schwarzen Linien und Punkten und dunklem Saum am Rand der Flügeloberseiten. Weibchen etwas heller. Das Männchen besitzt Duftschuppen auf der Vorderflügeloberseite. Spannweite bis zu 6 cm. Flugzeit: in einer Generation von Mitte Juni bis Mitte August in offenen, blütenreichen Bereichen auf Waldlichtungen, in Mooren und Heiden. Raupe von August überwinternd bis Mai des Folgefahres an Veilchenarten und Wiesenknöterich. RL V.

J	F	M	A	M	J	J	A	S	O	N	D

Kleiner Perlmutterfalter
Issoria lathonia
Markante Fleckenzeichnung orangerot mit schwarzer Fleckenmusterung. Flügelunterseiten mit großen, weißen Perlmuttflecken. Spannweite bis 4,5 cm. Flugzeit: in ein bis drei Generationen von Ende März bis Ende September auf Trockenrasen, extensiven Brachen und in Heidegebieten. Raupen sind ganzjährig zu finden an Acker-Stiefmütterchen. Deutliche Bestandsabnahme in den letzten Jahren.

J F M A M J J A S O N D

Silberfleck-Perlmutterfalter
Boloria euphrosyne
Flügeloberseite gelb-orange mit schwarzer Musterung und Fleckenzeichnung. Hinterflügelunterseite mit einem Perlmuttfleck in der gelben Flügelbinde. Spannweite bis 4 cm Flugzeit: in ein bis zwei Generationen von Mitte April bis Ende Juli auf Wiesen und an Waldrändern und auf Waldlichtungen. Raupe von Juli mit Überwinterung bis Mai an Veilchenarten. RL 3.

J F M A M J J A S O N D

Magerrasen-Perlmutterfalter
Boloria dia
Braunviolette Zeichnung auf den Unterseiten der Hinterflügel und Perlmuttflecken. Spannweite bis 3 cm. Flugzeit: in zwei bis drei Generationen von Anfang April bis Anfang September in lichten Wäldern auf blütenreichen Wiesen und in Heidegebieten. Raupen von Juni bis Juli und von August bis April des Folgejahres mit Überwinterung bis April an Veilchenarten auf Magerrasenstandorten. RL 3.

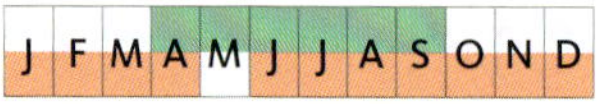

Schlüsselblumen-Würfelfalter
Hamearis lucina
Die Oberseite der Vorderflügel ist dunkelbraun mit einem gelben Fleckenmuster, während die Hinterflügel, bis auf die gelbe Fleckenreihe am Saum, durchgehend dunkelbraun sind. Die Unterseiten der Hinterflügel zeigen ein gelbbraunes Muster mit je zwei auffälligen Querbinden aus weißen Flecken. Spannweite bis 2,8 cm. Flugzeit: in einer bis manchmal zwei Generationen von Mitte April bis Juni. Der Falter ist auf Trockenrasen, an Waldrändern und Waldlichtungen zu finden. Die Raupe lebt von Mitte Mai bis Mitte Juli ausschließlich an Schlüsselblumenarten. Nicht ganz klar ist die Einordnung des Falters. Früher war er einer eigenen Familie, den *Riodinidae* zugeordnet, heute wird er eher als Verwandter der Bläulinge angesehen. RL 3.

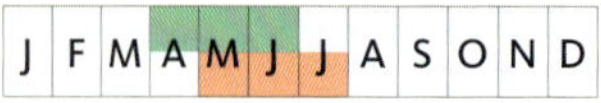

Bestimmungshilfe für Perlmutterfalter durch Flügelvergleich

Kaisermantel männlich

Großer Perlmutterfalter

Kaisermantel männlich

Großer Perlmutterfalter

Kaisermantel weiblich

Magerrasen-Perlmutterfalter

Feuriger Perlmutterfalter

Feuriger Perlmutterfalter

Mädesüß-Perlmutterfalter

Mädesüß-Perlmutterfalter

Alpen-Perlmutterfalter

Alpen-Perlmutterfalter

Kleiner Perlmutterfalter

Kleiner Perlmutterfalter

Silberfleck-Perlmutterfalter

Silberfleck-Perlmutterfalter

Hochmoor-Perlmutterfalter

Hochmoor-Perlmutterfalter

Maivogel
Eschen-Scheckenfalter
Euphydrias maturna
Charakteristische Flügelzeichnung mit dunkelbrauner Grundfärbung und orangen und weißgelben Flecken. Spannweite bis 4,5 cm. Flugzeit: in einer Generation von Mitte Mai bis Anfang Juli in feuchten, lichten Wäldern mit Eschenbestand. Raupe von Juli bis Mai des Folgejahres. Die Raupe frisst nach dem Schlupf an Esche, nach der Überwinterung neben Esche auch an verschiedenen anderen Pflanzen wie Roter Heckenkirsche, Salweide oder Wegericharten. Änderungen der Nutzungsformen der Wälder, wo der Falter vorkommt, und auch die Bekämpfung von Schwamm- und Prozessionsspinner mit Häutungshemmemitteln in den vergangenen Jahren hatten auch auf den Maivogel negative Auswirkungen. Er ist in Deutschland akut vom Aussterben bedroht und kommt nur noch an drei Stellen vor. Sehr selten. RL 1.

J	F	M	A	M	J	J	A	S	O	N	D

Goldener Scheckenfalter

Euphydrias aurinia

Orangefarbige Binde am unteren Rand der Flügeloberseiten. Hinterflügeloberseite mit schwarzen Punkten in der Binde. Hinterflügelunterseite mit orangefarbigem Band und schwarz gekernten, gelben Flecken darin. Spannweite bis über 4 cm. Flugzeit: in einer Generation von Anfang Mai bis Anfang Juli vor allem auf Feucht- und Streuwiesen, aber auch auf trockenen Magerrasen. Raupe von Juni mit Überwinterung bis Mai des folgenden Jahres an Teufelsabbiss, verschiedenen Enzian- und anderen Pflanzenarten. RL 2.

J	F	M	A	M	J	J	A	S	O	N	D

Alpen-Scheckenfalter

Veilchen-Scheckenfalter

Melitaea cynthia

Geschlechter verschieden gefärbt. Männchen auffällig durch weiße Flügelzeichnung. Weibchen dem Goldenen Scheckenfalter ähnlich. Spannweite bis 4 cm. Flugzeit: in einer Generation von Juni bis August in den Alpen auf mit Bergkiefern bewachsenen Matten und kurzrasigen Almwiesen zwischen 1000–2500 m. Raupe von Juli mit Überwinterung bis Juni folgenden Jahres vor allem an Wegerich und Veilchenarten, auch an Läusekraut. RL R.

J	F	M	A	M	J	J	A	S	O	N	D

J	F	M	A	M	J	J	A	S	O	N	D

Roter Scheckenfalter

Melitaea didyma

Flügeloberseiten orangerot bis gelbrot. Flügelunterseiten unverwechselbar, Hinterflügelunterseite gelblichweiß mit orangem Fleckenband und schwarzen Flecken und Strichen. Spannweite bis über 4 cm. Flugzeit: in zwei bis drei Generationen von Juni bis Anfang September auf felsig-steinigen Trockenrasen, wärmeliebend. Raupe von Juli, mit Überwinterung bis Juni folgenden Jahres an Aufrechtem Ziest, Spitzwegerich, Leinkraut, Königskerze und anderen Pflanzen. RL 2.

Baldrian-Scheckenfalter

Melitaea diamina

Männchen mit dunkelbrauner, gitterförmiger Zeichnung auf der Unterseite der Hinterflügel. In der äußeren rostbraunen Binde schwarze und gelbe Flecken. Spannweite bis 4 cm. Flugzeit: in einer Generation von Mai bis Juli in Feuchtwiesen und Mooren, aber auch auf Halbtrockenrasen. Raupe von Juni, mit Überwinterung bis Mai folgenden Jahres an Baldrianarten. RL 3.

J	F	M	A	M	J	J	A	S	O	N	D

Bestimmungshilfe für Scheckenfalter durch Flügelvergleich

Goldener Scheckenfalter

Goldener Scheckenfalter

Roter Scheckenfalter

Roter Scheckenfalter

Wachtelweizen-Scheckenfalter

Wachtelweizen-Scheckenfalter

Baldrian-Scheckenfalter

Baldrian-Scheckenfalter

Großes Ochsenauge

Maniola jurtina

Spannweite bis 5 cm. Grundfarbe dunkelbraun mit beim Männchen sehr kleinem, ockerfarben umrandeten Augenfleck und dunklem Duftschuppenfleck auf der Vorderflügeloberseite. Flügelunterseiten gelbbraun mit heller Querbinde. Flugzeit: in einer Generation von Juni bis September. Die Raupe lebt von Juli bis Juni folgenden Jahres an verschiedenen Gräsern wie Aufrechter Trespe, Schafschwingel und anderen Arten. Relativ anspruchslos an seinen Lebensraum fliegt er auf Wiesen, an Waldrändern und auch in Gärten.

J	F	M	A	M	J	J	A	S	O	N	D

Berghexe

Chazara briseis

Spannweite bis 6 cm. Hell ockerfarbig mit braunen Flecken und einem Augenfleck auf dem Vorderflügel. Flugzeit: Falter fliegt spät in einer Generation von Mitte Juli bis Mitte September. Die Raupe lebt von August bis Juni folgenden Jahres an verschiedenen Gräsern wie Schafschwingel und Aufrechter Trespe. Falter auf felsigen, warmen Trockenrasen. RL 2.

J	F	M	A	M	J	J	A	S	O	N	D

Schachbrett

Melanargia galathea

Bis 5 cm Flügelspannweite. Die schachbrettartige schwarz-weiße Zeichnung gab dem Falter den Namen. Flugzeit: in einer Generation von Anfang Juli bis August. Raupe von Juli bis Juni folgenden Jahres an verschiedenen Grasarten. In vielen Lebensräumen wie lichten Wäldern, Waldlichtungen, Wiesen, auf nicht zu feuchtem Grünland.

J	F	M	A	M	J	J	A	S	O	N	D

Weißer Waldportier

Brintesia circe

Spannweite bis 7 cm. Die dunkelbraune Grundfarbe wird von einer breiten weißen Querbinde unterbrochen. Je ein schwarzer Augenfleck auf den Vorderflügeln. Flugzeit: in einer Generation von Juni bis August. Die Raupe lebt von August bis Juni folgenden Jahres ebenfalls an Gräsern wie Aufrechter Trespe und Schafschwingel. Falter auf wärmebegünstigten Trockenrasen, mit Gebüsch oder Hecken durchsetzt und lichten Wäldern. RL 2.

J	F	M	A	M	J	J	A	S	O	N	D

Blauäugiger Waldportier

Minois dryas

Spannweite bis 6 cm. Falter von dunkelbrauner Grundfarbe mit je 2 hellblau gekernten Augenflecken auf den Vorderflügeln. Flugzeit: Falter fliegt spät in einer Generation von Juli bis September.
Die Raupe lebt von August bis Juni folgenden Jahres an Gräsern wie dem Pfeifengras oder Aufrechter Trespe. Falter fliegt in Niedermooren und Streuwiesen aber auch in trocken-warmen Wiesen in Auwaldlichtungen. RL 2.

J	F	M	A	M	J	J	A	S	O	N	D

Rundaugen-Mohrenfalter

Erebia medusa

Spannweite bis 4,5 cm. Grundfarbe der Flügel dunkelbraun. Die weiß gekernten Augenflecken sind von mehr oder weniger großen, gelben Flecken umgeben. Flugzeit: in einer Generation von Mitte Mai bis Ende Juli. Die Raupe lebt von Juni bis Mai folgenden Jahres an Gräsern wie Schafschwingel, Aufrechter Trespe und weiteren Arten. Der Falter lebt auf Waldwiesen, Streuwiesen, Trockenrasen in sowohl feuchteren als auch trockenen Bereichen.

J	F	M	A	M	J	J	A	S	O	N	D

Weißbindiger Mohrenfalter

Erebia ligea

Spannweite bis 4 cm. Grundfarbe dunkelbraun auf der Flügeloberseite mit einem orangefarbigen Längsband, das mit weiß gekernten Augenflecken durchsetzt ist. Hinterflügelunterseite mit weißer Binde. Flugzeit: in einer Generation von Juni bis August. Die Raupe frisst in ihrer zweijährigen Entwicklungszeit an verschiedenen Grasarten. Der Falter lebt in lichten Wäldern und an Waldrändern.

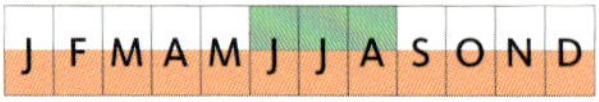

Schweizer Schillernder Mohrenfalter

Erebia tyndarus

Spannweite bis 3,5 cm. Grundfarbe dunkelbraun mit einem, je nach Lichteinfall, mehr oder weniger intensiven grünlich-blauen Schillern auf der Oberseite der Flügel. Flugzeit: in einer Generation von Ende Juni bis Ende August. Die Art kommt nur in den Alpen vor, auf sonnig warmen Bergwiesen und -weiden mit offenen Bodenstellen zwischen 1000 und 2000 Metern. Die Raupe lebt von Juli bis Juni folgenden Jahres an Gräsern wie Schwingelarten und anderen. RL R.

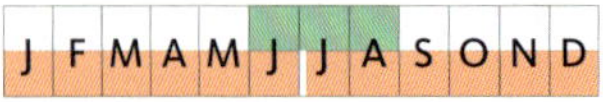

Brauner Waldvogel
Schornsteinfeger
Aphantopus hyperantus
Spannweite bis 4,5 cm. Grundfarbe dunkelbraun mit sehr kleinen Augenflecken auf den Flügeloberseiten. Augenflecken auf den Flügelunterseiten größer, weiß gekernt und gelb umrandet. Flugzeit: in einer Generation von Mitte Juni bis Ende August. Die Raupe lebt von August bis Juni folgenden Jahres an verschiedenen Grasarten. Der Falter kommt an lichten Stellen in Wäldern, an Waldrändern, in Wiesen und manchmal auch in Gärten vor.

J	F	M	A	M	J	J	A	S	O	N	D

Kleines Wiesenvögelchen
Coenonympha pamphilius
Spannweite bis 3,5 cm. Flügeloberseite ockerbraun, Vorderflügelunterseite orangebraun mit je einem weiß gekernten, gelb umrandeten Augenfleck. Flugzeit: in mehreren Generationen von April bis September. Die Raupe ist während des ganzen Jahres an verschiedenen Grasarten anzutreffen. Kann fast überall auf nicht zu stark gedüngtem Grünland leben, wo die geeigneten Grasarten vorkommen.

J	F	M	A	M	J	J	A	S	O	N	D

Alpen-Wiesenvögelchen
Coenonympha gardetta
Spannweite bis 3,5 cm. Vorderflügeloberseite und -unterseite ockerbraun. Auf der Hinterflügelunterseite ein weißes Band, in dem sich schwarze, weiß gekernte Augenflecken befinden. Flugzeit: in einer Generation von Juni bis Ende September. Die Raupe lebt von August bis Juli folgenden Jahres an verschiedenen Grasarten. Der Falter ist ein Bewohner der alpinen Rasen und Wiesen bis auf über 2500 m Höhe. RL R.

J	F	M	A	M	J	J	A	S	O	N	D

Weißbindiges Wiesenvögelchen
Coenonympha arcania
Spannweite bis 3,5 cm. Vorderflügeloberseite ockerbraun mit brauner Saumbinde. Hinterflügelunterseite mit weiß gekernten Augenringen, die orange und dunkelbraun umringt werden. Flugzeit: in einer Generation von Mai bis Ende August. Die Raupe lebt von Juni bis Mai folgenden Jahres an verschiedenen Grasarten. Der Falter bewohnt magere Wiesen, Trockenrasen und Waldlichtungen.

J	F	M	A	M	J	J	A	S	O	N	D

Waldbrettspiel
Pararge aegeria
Spannweite bis 4,5 cm. Flügeloberseiten dunkelbraun mit hellgelben Flecken und weiß gekernten Augenflecken. Flugzeit: in zwei bis drei Generationen von April bis September. Die Raupen leben von Mai bis Juni und von August bis Oktober an verschiedenen Grasarten wie Knäuelgras. Der Falter ist der einzige, wirkliche Waldbewohner unter den Tagfaltern, schattenliebend an kleinen Lichtungen und Schneisen auch in dichten Wäldern zu beobachten.

J	F	M	A	M	J	J	A	S	O	N	D

Gelbringfalter
Lopinga achine
Spannweite bis 4,8 cm. Grundfarbe braun mit weißer Binde auf Flügelaußenseite, in der sich weiß gekernte schwarze, gelb umrandete Augenflecken befinden. Flugzeit: in einer Generation von Juni – Juli. Die Raupe lebt von Juli mit Überwinterung bis Mai folgenden Jahres an Fieder- und Wald-Zwenke und Seggenarten. Der Falter lebt in lichten Wäldern und an Waldrändern. In den letzten Jahren sehr selten geworden. RL 1.

J	F	M	A	M	J	J	A	S	O	N	D

Mauerfuchs

Lasiommata megera

Spannweite bis 4,5 cm. Grundfarbe orangebraun mit dunkelbraunen, gitternetzartigen Binden und weiß gekernten Augenflecken. Flugzeit: in zwei bis zu drei Generationen von April bis Ende September. Raupen leben von Juni bis Juli und September bis März an verschiedenen Grasarten. Der Falter ist auf warmem steinig-felsigen Trockenrasen zu finden.

J	F	M	A	M	J	J	A	S	O	N	D

Braunauge

Lasiommata maera

Auf der Oberseite der Vorderflügel variiert die Farbe von gelb über rotorange und braun bis zu einem schwarzen, ein- oder zweifach weiß gekernten Augenfleck. Die Hinterflügeloberseite ist dunkelbraun gefärbt mit einem um die schwarzen Augenflecke orangegelbem Saum. Spannweite bis zu 5 cm. Der Falter ist damit etwas größer als der Mauerfuchs. Flugzeit: in einer Generation von Juni bis Anfang September. Die Raupe lebt von Juli bis April des Folgejahres an verschiedenen Gräsern, wie Landreitgras, Schafschwingel. Zu finden sind die Falter auf felsigen Trockenrasen, an Waldlichtungen und -rändern, etwas häufiger in den Alpen und Mittelgebirgsregionen, allerdings im Bestand stark zurückgehend. RL V.

J	F	M	A	M	J	J	A	S	O	N	D

Dickkopffalter

Dunkler Dickkopffalter
Kronwicken-Dickkopffalter
Erynnis tages
Von dunkelbrauner Grundfarbe mit weißgrauen Bändern und Flecken auf der Oberseite. Spannweite bis 3 cm. Flugzeit: in ein bis zwei Generationen von April bis Juli und von Juli bis September. Die Falter sind in extensiv genutztem Grünland, Magerrasen und seltener auch auf feuchteren, nicht überdüngten Standorten zu finden. Die Raupe lebt von August bis Mai des Folgejahres und Mitte Juni bis Juli an Hornklee, Hufeisenklee, Bunter Kronwicke. RL V.

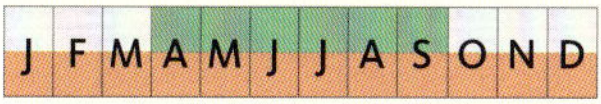

Kleiner Würfel-Dickkopffalter
Pyrgus malvae
Flügeloberseite dunkelbraun mit scharf abgegrenztem, weißem Fleckenmuster. Spannweite bis 2,5 cm. Flugzeit: in einer Generation von April bis Anfang Juli auf Trockenrasen, an Dämmen, Böschungen, aber auch in Feuchtwiesen. Die Raupe lebt von Juni bis September an Odermennig, Fingerkraut-, Erdbeer-Arten, Kleiner Wiesenknopf, Mädesüß. Häufig.

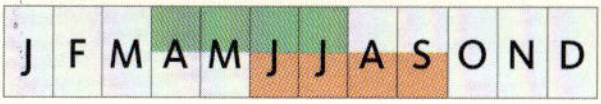

Sonnenröschen-Würfel-Dickkopffalter
Pyrgus alveus
Der Falter ist ein Beispiel dafür, dass eine solche Art oft nicht sicher ohne Genitaluntersuchung von einigen weiteren ähnlichen Arten zu unterscheiden ist. Auf den ersten Blick kommt eine Reihe von Vertretern aus der Pyrgus-Familie in Frage. Spannweite bis 2,5 cm. Flugzeit: in einer Generation Ende Juni bis Ende August. Raupe lebt von September bis Juni des Folgejahres an Sonnenröschen-Arten in warmen, trockenen Magerrasen bis ca. 2500 m Höhe. RL 3.

J	F	M	A	M	J	J	A	S	O	N	D

Gelbwürfeliger Dickkopffalter
Caterocephalus palaemon
Flügeloberseite dunkelbraun mit orangegelben Flecken. Spannweite bis 3 cm. Flugzeit: in einer Generation von Mai bis Juli in Waldnähe auf Lichtungen oder an Waldrändern. Raupe von Juli bis April des Folgejahres an verschiedenen Grasarten.

J	F	M	A	M	J	J	A	S	O	N	D

Braunkolbiger Braun-Dickkopffalter

Thymelicus sylvestris

Eine von 3 Thymelicus-Arten, die verwechselt werden können. Die Fühlerkolben des Falters sind orange-braun. Das Männchen hat einen leicht abknickenden Duftschuppenfleck. Spannweite bis 3 cm. Flugzeit: in einer Generation von Mitte Juni bis Ende August an Waldrändern und Hecken, aber auch in mageren Streuwiesen. Raupe von September mit Übwerwinterung bis Mai des Folgejahres an verschiedenen Gräsern.

J	F	M	A	M	J	J	A	S	O	N	D

Malven-Dickkopffalter

Carcharodus alceae

Der 2,3–3 cm große Falter ist braun mit bunter, hellbrauner und grauer Marmorierung, rechteckiger dunkelbrauner Musterung und hellen vom Flügelrand zur Mitte reichenden Querlinien und weißen Flecken. Flugzeit: in zwei (in südlichen Bereichen Europas in fünf) Generationen von Anfang Mai bis Ende Juni und von Mitte Juli bis Anfang September. Die Raupe lebt von September überwinternd bis April des Folgejahres und von Juni bis Juli an Malvenarten und Eibisch an Böschungen, trockenwarmen Hängen und Dämmen und auf Ruderalflächen, in Kiesgruben und Steinbrüchen. RL 3.

J	F	M	A	M	J	J	A	S	O	N	D

J	F	M	A	M	J	J	A	S	O	N	D

Kommafalter,
Komma-Dickkopffalter
Hesperia comma
Das namengebende Komma hat nur das Männchen auf den Vorderflügeloberseiten. Vom Rostfarbigen Dickkopffalter unterscheiden ihn die weißen, scharf begrenzten Flecken auf der Unterseite der Hinterflügel. Spannweite bis 3 cm. Flugzeit: in einer Generation von Anfang Juli bis Ende September auf Trockenrasen, Kalkmagerrasen und magerem Grasland. Raupe von Mitte März bis Mitte Juni an Schafschwingel, Silbergras und anderen Grasarten.

Rostfarbiger Dickkopffalter
Ochlodes sylvanus
Der Falter ist gelbbraun, ähnlich dem Kommafalter, die Flecken heben sich aber nicht so deutlich ab wie bei diesem und sind hell gelbbraun gefärbt. Spannweite bis 3,5 cm. Flugzeit: in einer Generation von Ende Mai bis Anfang August an Waldrändern und -lichtungen, Hecken. Raupe von August bis Mai des Folgejahres an verschiedenen Grasarten.

J	F	M	A	M	J	J	A	S	O	N	D

Zwerg-Bläuling

Cupido minimus

Sehr kleiner Bläuling. Grundfarbe Flügeloberseite beim Weibchen dunkelbraun, beim Männchen mehr oder weniger blau beschuppt. Flügelunterseite hellgraublau mit kleinen weiß umrandeten, schwarzen Punkten. Spannweite 1,8 bis 2,5 cm. Flugzeit: in ein bis zwei Generationen von April bis August auf Grasland, Felshängen und Waldlichtungen. Raupe von August bis April und von Juni bis Ende Juli an Wundklee. RL V.

J	F	M	A	M	J	J	A	S	O	N	D

Kleiner Alpen-Bläuling

Cupido osiris

Männchen intensiv blauviolett auf der Flügeloberseite mit schwarzem Saum am Außenrand. Beim Weibchen Flügeloberseite dunkelbraun, oft mit bläulicher Bestäubung an den Flügelwurzeln. Spannweite bis 2,5 cm. Flugzeit: in ein bis zwei Generationen von Ende April bis Anfang September auf trockenen, sonnigen Magerrasen, südliche Art. Raupe von Mai bis April des folgenden Jahres an Esparsette.

J	F	M	A	M	J	J	A	S	O	N	D

Kurzschwänziger Bläuling

Cupido argiades

Beim Männchen Flügeloberseite dunkelblau, beim Weibchen dunkelbraun mit unterschiedlich ausgedehnter, blauer Bestäubung. Je zwei orangefarbige Randflecken auf Hinterflügelunterseite und dünne, spitze fadenförmige Schwänzchen. Spannweite bis 2,5 cm. Flugzeit: in mehreren Generationen von April bis September auf Trockenstandorten und warmfeuchten, extensiv genutzten Wiesen und Ruderalflächen. Raupe von August bis April des folgenden Jahres und von Juni bis Juli an Schmetterlingsblütlern wie Hornklee, Bunte Kronwicke, Wiesenklee oder Luzerne. In den letzten Jahren in Ausbreitung, in Süddeutschland vermutlich im Zusammenhang mit der Klimaerwärmung.

J	F	M	A	M	J	J	A	S	O	N	D

Faulbaum-Bläuling

Celastrina argiolus

Männchen auf der Flügeloberseite hellblau mit dunklem, schmalem Flügelrand, beim Weibchen dunkler Flügelrand breit. Flügelunterseite hellgrau mit kleinen schwarzen Punkten. Spannweite bis 3 cm. Flugzeit: in zwei Generationen von April bis Juni sowie Juli bis August in verschiedenen Lebensräumen wie Waldlichtungen, in Heidegebieten, auch in Gärten. Raupe von Mai – September an verschiedensten Pflanzen wie Faulbaum, Blutweiderich, Brombeere, Mädesüß und anderen.

J	F	M	A	M	J	J	A	S	O	N	D

Fetthennen-Bläuling

Scolitantides orion

Fransen an den Flügeln auffällig schwarz-weiß gestreift. Flügeloberseite mit intensiv variablem Blauanteil, am Außenrand mit schwarzen umrandeten Punkten. Vorderflügelunterseite mit Binde aus schwarzen Flecken, Hinterflügelunterseite mit orangener Binde aus halbmondförmigen Flecken. Spannweite bis 2,8 cm. Flugzeit: ein bis zwei Generationen von April bis August an trockenwarmen, sonnigen Hängen, Steinbrüchen, Dämmen in Flusstälern. Raupe von Mai bis Juli an Großer Fetthenne. Sehr selten. RL 1.

J	F	M	A	M	J	J	A	S	O	N	D

Alexis-Bläuling

Glaucopsyche alexis

Beim Männchen Flügeloberseite hellblau mit dunklem Außenrand. Weibchen dunkelbraun mit blauviolettem Schimmer. Hinterflügelunterseite smaragdgrün, an der Basis ausgeprägt große, dunkle Flecken an der Vorderflügelunterseite. Spannweite bis 3,5 cm. Flugzeit: in einer Generation von April bis Anfang Juli auf mit Gebüsch bestandenen, trockenen, warmen Hängen, Lichtungen, Waldrändern, Steinbrüchen. Raupe von Juni bis Juli an Esparsette, Luzerne, einigen Wickenarten und verschiedenen Schmetterlingsblütlern. RL 3.

J	F	M	A	M	J	J	A	S	O	N	D

J	F	M	A	M	J	J	A	S	O	N	D

Lungenenzian-Ameisen-Bläuling

Maculinea alcon

Männchen mit blauen Flügeln und schwarzbraunem Rand. Flügeloberseite blau mit schmalem schwarzem Rand. Beim Weibchen dunkelbraune Flügelunterseite mit zwei Reihen schwarzer Punkte, von denen die äußeren unscharf erscheinen. Spannweite bis 3,5 cm. Flugzeit: in einer Generation von Juli bis August in feuchten Lebensräumen. Raupe von August überwinternd bis Juni an Lungen- oder Schwalbenwurz-Enzian in Feuchtgebieten, Niedermooren und feuchten Streu- und Pfeifengraswiesen. RL 2.

Lungen- und der nah verwandte Kreuzenzian-Ameisen-Bläuling sind im Aussehen wie auch genetisch nicht eindeutig auseinanderzuhalten. Der bevorzugt auf Trockenrasen wachsende Kreuzenzian, seine Raupenfutterpflanze, gibt Auskunft über die Artzugehörigkeit.

J	F	M	A	M	J	J	A	S	O	N	D

Thymian-Ameisen-Bläuling

Schwarzgefleckter Ameisen-Bläuling

Maculinea arion

Sehr großer Bläuling. Flügeloberseite hellblau mit ausgeprägt großen länglichen, schwarzen Flecken. Flügelunterseite mit sehr großen schwarzen Punkten. Hinterflügelunterseite an der Wurzel blau bestäubt. Spannweite bis 4 cm. Flugzeit: in einer Generation von Juni bis August. Die Raupe lebt von August an als Jungraupe an Thymianarten und lässt sich vermutlich nach einigen Häutungen ins Nest von Knotenameisen *(Myrmica spec.)* eintragen, wo sie sich bis Juni des folgenden Jahres von der Ameisenbrut ernährt. RL 2.

Heller Wiesenknopf-Ameisen-Bläuling

Großer Moorbläuling

Maculinea teleius

Flügelunterseite graubraun mit zwei Reihen schwarzer, hell umrandeter Punkte. Flügeloberseite mit blauer Bestäubung und mehr oder weniger ausgeprägten dunklen Strichen. Dunkler Flügelsaum, beim Weibchen breiter. Spannweite bis 3,7 cm. Flugzeit: in einer Generation von Juni bis August. Raupe ab Anfang August ausschließlich an Großem Wiesenknopf in Feuchtwiesen, Niedermoor- und Pfeifengraswiesen mit größeren Beständen des Wiesenknopfes. Flächenbedarf größer als bei nachfolgender Art. Die Raupe wird im Herbst von Knotenameisen *(Myrmica spec.)* in deren Nester eingetragen, wo sie bis Juni des folgenden Jahres lebt. RL 2.

J	F	M	A	M	J	J	A	S	O	N	D

Dunkler Wiesenknopf-Ameisen-Bläuling

Maculinea nausithous

Flügelunterseite kräftig braun mit einer Reihe schwarzer Punkte. Flügeloberseite beim Männchen dunkelblau mit schwarzen Strichen und breitem dunklen Saum. Weibchen dunkelbraun mit – manchmal wenig – bläulicher Bestäubung an der Flügelbasis. Spannweite bis 3,4 cm. Flugzeit: in einer Generation von Juni bis August. Raupe ab Juli an Großem Wiesenknopf in Feuchtwiesen, Hochstaudenfluren. Wird von Knotenameisen *(Myrmica rubra)* ins Nest eingetragen, wo sie sich bis Mai des folgenden Jahres von den Larven ernährt. Schon kleine Flächen mit Wiesenknopf genügen. RL 3.

J	F	M	A	M	J	J	A	S	O	N	D

Argus-Bläuling

Plebejus argus

Flügeloberseite beim Männchen blauviolett mit dunklem Flügelrand. Weibchen braun mit Binde, orangefarbiger Halbmond am Rand der Hinterflügel. Flügelunterseite beim Männchen graublau, Hinterflügelunterseite mit metallisch blauer Fleckenreihe. Beim Weibchen braune Flügelunterseite. Sichere Bestimmung nur durch Genitaluntersuchung möglich. Spannweite bis 2,5 cm. Flugzeit: in ein bis drei Generationen von Mai bis September. Raupe von April bis Mai an verschiedenen Schmetterlingsblütlern wie Bunter Kronwicke, Hufeisenklee, Hornklee und Heidekrautgewächsen auf Ruderalflächen, Magerrasen, Moorheiden in feuchten und trockenen Lebensräumen, bis auf Höhen von über 2500 m.

J	F	M	A	M	J	J	A	S	O	N	D

Idas-Bläuling

Plebejus idas

Beim Männchen Flügeloberseite violettblau mit schmalem, dunklem Rand. Weibchen dunkelbraun mit orangen Halbmondbinden, manchmal violettblau gefärbt. Flügeloberseite mit orangen Halbmondbinden und blaumetallischer Fleckenreihe auf Hinterflügelunterseite. Sichere Bestimmung ist nur durch Genitaluntersuchung möglich. Spannweite bis 3,5 cm. Flugzeit: in zwei Generationen von Mai bis September auf Magerrasen, in Sand- und Kiesgruben mit Besenginster, Brachen und Böschungen in Eichen-Hainbuchenwäldern. Raupe von März bis Mai und von Juli bis August an Schmetterlingsblütlern wie Hornklee, Besenginster, Weißem Steinklee und Heidekrautgewächsen. RL 2.

J	F	M	A	M	J	J	A	S	O	N	D

Heller Alpen-Bläuling

Plebejus orbitulus

Männchen leuchtend hellblau mit schmalem, dunklem Flügelrand. Weibchen dunkelbraun. Größere weiße Flecke auf der Hinterflügelunterseite bei beiden Geschlechtern. Spannweite bis 2,7 cm. Flugzeit: in einer Generation von Juni bis August auf trockenen, kurzrasigen Alpenwiesen mit felsigen und offenen Stellen bis auf 2600 m Höhe. Raupe von August mit Überwinterung bis Juni an Schmetterlingsblütlern wie Alpen-Süßklee oder Alpentragant. RL R.

J	F	M	A	M	J	J	A	S	O	N	D

Storchschnabel-Bläuling

Aricia eumedon

Flügeloberseite bei Männchen und Weibchen dunkelbraun. Auf der Unterseite der Hinterflügel befindet sich ein langer weißer Strich. Spannweite bis 3 cm. Flugzeit: in einer Generation von Mai bis August auf Feuchtwiesen, aber auch Kalkmagerrasen bis weit über 2000 m. Raupe von Juli mit Überwinterung bis Juni an Storchschnabelarten. RL 2.

J	F	M	A	M	J	J	A	S	O	N	D

Hauhechelbläuling
Gemeiner Bläuling
Polyommatus icarus
Flügeloberseite beim Männchen intensiv violettblau, beim Weibchen braun. Spannweite bis 3 cm. Flugzeit: in zwei bis drei Generationen von Anfang Mai bis Oktober in verschiedenen, trockenen und feuchten, offenen Lebensräumen. Raupen das ganze Jahr anzutreffen an Schmetterlingsblütlern wie Hornklee und Hauhechel.

J	F	M	A	M	J	J	A	S	O	N	D

Silbergrüner Bläuling
Polyommatus coridon
Männchen hellblau, silbrig glänzend, leicht grünlich mit dunklen Punkten und einer Linie an der Hinterflügeloberseite. Weibchen dunkelbraun mit oranger Halbmondbinde auf der Hinterflügeloberseite. Beide Geschlechter mit weißem Dreieck auf der Hinterflügelunterseite. Spannweite bis 3,5 cm. Flugzeit: in einer Generation von Ende Juni bis Oktober auf Trockenrasen und Kalkmagerrasen an Hängen, Glatthaferwiesen, Böschungen und Dämmen bis über 2000 m. Raupe von Ende April bis Mitte Juli an Hufeisenklee.

J	F	M	A	M	J	J	A	S	O	N	D

Himmelblauer Bläuling

Polyommatus bellargus

Intensiv hellblaue Flügeloberseite beim Männchen mit sehr schmalem, dunklem Saum und weißen, schwarz unterbrochenen Fransen. Flügeloberseite beim Weibchen dunkelbraun gesäumt mit orangen Flecken. Auch auf den Vorderflügeln schwarze Punkte, weiß umrandet. Spannweite bis 3,3 cm. Flugzeit: in zwei Generationen von Mai bis Juni und Juli bis September in offenen, sonnigen Halbtrockenrasen. Raupe von September bis Juli des Folgejahres an Hufeisenklee. RL 3.

J	F	M	A	M	J	J	A	S	O	N	D

Zahnflügel-Bläuling

Polyommatus daphnis

Männchen und Weibchen mit deutlichen Ausbuchtungen der Hinterflügel. Männchen mit Duftschuppenflecken auf Vorderflügelunterseite und silberblauer Grundfärbung. Weibchen schwarzbraun mit manchmal blauer Beschuppung. Spannweite bis 3,5 cm. Flugzeit: in einer Generation von Juni bis August an trockenen, warmen Hängen, Wacholderheiden, am Saum von Gebüschen und Wäldern. Raupe von April bis Ende Mai an Bunter Kronwicke. RL 2.

J	F	M	A	M	J	J	A	S	O	N	D

Bestimmungshilfe für Bläulinge durch Flügelvergleich

Zwergbläuling

Kleiner Alpen-Bläuling

Kurzschwänziger Bläuling

Faulbaumbläuling

Fetthennenbläuling

Alexis-Bläuling

Lungenenzian-Bläuling

Schwarzgefleckter Ameisen-Bläuling

Großer Moorbläuling

Dunkler Wiesenknopf-Ameisenbläuling

Argus-Bläuling

Idas-Bläuling

Heller Alpen-Bläuling

Storchschnabel-Bläuling

Silbergrüne Bläulinge

Zahnflügelbläuling

Kleiner Sonnenröschen-Bläuling

Rotklee-Bläuling

Kleiner Feuerfalter

Blauschillernder Feuerfalter

Lilagold-Feuerfalter

Dukatenfalter

Violetter Feuerfalter

Brauner Feuerfalter

Feuerfalter

Kleiner Feuerfalter

Lycaena phlaeas

Vorderflügel auf Oberseite orangerot mit dunkelbraunem Saum am Außenrand und schwarzen Flecken. Hinterflügel oberseits braun mit orangerotem Saum. Spannweite bis 3 cm. Flugzeit: in zwei bis vier Generationen von Mitte April bis Oktober an Wegrändern und offenen Stellen auf Magerrasen, Ruderal- und Brachflächen und Sandgebieten. Raupe ganzjährig an Ampferarten.

J	F	M	A	M	J	J	A	S	O	N	D

Blauschillernder Feuerfalter

Lycaena helle

Kleinster der Feuerfalter. Männchen auf der gesamten Flügeloberseite mit blauviolettfarbenem Schiller. Weibchen nur mit einzelnen schillernden Flecken. Spannweite bis 2,5 cm. Flugzeit: in einer Generation von Mitte Mai bis Mitte Juli in Quellfluren, moorigen Feuchtwiesen, aufgelassenen Torfstichen in Gehölznähe. Raupe von Juli bis August an Schlangenknöterich. Sehr selten, vom Aussterben bedroht. RL 1.

J	F	M	A	M	J	J	A	S	O	N	D

Lilagold-Feuerfalter

Lycaena hippothoe

Männchen rotorange glänzend mit schwarzen Säumen und blauviolettem Schimmer. Spannweite bis 3 cm. Flugzeit: in einer Generation von Anfang Juni bis Ende Juli auf nährstoffreichen Sumpfwiesen und an Hochmoorrändern, aber auch in blütenreichen Wiesen. Raupe von Juli bis Mai des Folgejahres bevorzugt an Großem und auch an Kleinem Sauerampfer. Selten. RL 2.

J	F	M	A	M	J	J	A	S	O	N	D

Dukatenfalter

Lycaena virgaurea

Das Männchen mit leuchtend rotgoldener Oberseite ohne schwarze Flecken. Unterseite hellbraun mit weißen Flecken. Spannweite bis 3,5 cm. Flugzeit: in einer Generation von Mitte Juni bis Ende August in den Alpen und Mittelgebirgen in trockenen, mageren Gebieten. Raupe überwintert in der Eihülle und lebt im Folgejahr bis Juni an Großem und Kleinem Sauerampfer. Selten. RL 3.

J	F	M	A	M	J	J	A	S	O	N	D

Zipfelfalter

Nierenfleck

Thecla betulae

Größter europäischer Zipfelfalter mit orangebrauner Färbung auf Flügelunterseite, nicht zu verwechseln. Beim Männchen ist die Flügeloberseite braun mit 2 orangefarbenen Flecken, die beim Weibchen wesentlich größer sind. Spannweite bis 4 cm. Flugzeit: in einer Generation von Anfang Juli – Mitte Oktober in lichten Laubwäldern und gebüschreichem Gelände, an Hecken und in Gärten. Raupe von April bis Juni an Schlehe, Pflaume, Kirsche und verschiedenen Laubbaumarten.

J	F	M	A	M	J	J	A	S	O	N	D

Blauer Eichenzipfelfalter

Neozephyrus quercus

Oberseite der Flügel violettblau beim Männchen, Weibchen nur mit zwei violettblauen Flecken. Flügelunterseite grau mit einer weißen Querlinie. Spannweite bis 3,5 cm. Flugzeit: in einer Generation von Ende Juni bis Anfang September in Mischwäldern mit Eichenanteilen. Der Falter hält sich meist im Kronenbereich der Bäume auf. Raupe von April bis Juni an Eichenarten.

J	F	M	A	M	J	J	A	S	O	N	D

Grüner Zipfelfalter

Callophrys rubi

Bei uns unverwechselbar durch seine smaragdgrüne Färbung auf der Flügelunterseite. Flügeloberseite braun. Spannweite bis 3 cm. Flugzeit: in einer Generation von Ende März – Ende Juli in lichten Wäldern, trockenem, buschreichen Gelände, Heiden und Moorrändern. Die Raupe entwickelt sich von Mitte März bis Mitte August an verschiedenen Futterpflanzen wie Rauschbeere, Heidekraut, Ginsterarten, Hartriegel u. vielen weiteren Pflanzenarten.

J	F	M	A	M	J	J	A	S	O	N	D

Kreuzdornzipfelfalter

Satyrium spini

Ein blauer Fleck an der Spitze der Hinterflügelunterseite. Spannweite bis 3 cm. Flugzeit: in einer Generation von Ende Mai – Ende Juli in trockenwarmen, strauchbestandenen Gebieten, Waldrändern und -lichtungen. Raupe von April bis Mai an verschiedenen Kreuzdornarten.

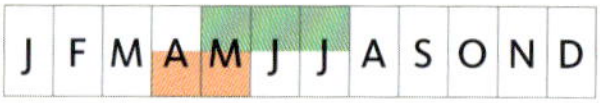

Pflaumenzipfelfalter

Satyrium pruni

Eine orangefarbene Binde mit eingelagerten schwarzen Punkten auf der Hinterflügelunterseite und ein blauer Fleck an der Flügelspitze unter dem Zipfel charakterisieren den Falter. Spannweite bis 2,8 cm. Flugzeit: in einer Generation ab Anfang Juni bis Ende Juli an besonnten Waldrändern, Trockenrasen, Streuobstwiesen, Hecken und auch Gärten. Raupe von April bis Juni an Schlehe und anderen Prunus-Arten.

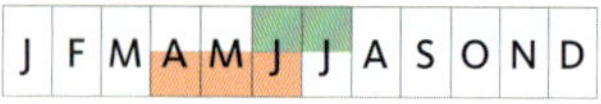

Kleiner Schlehen-Zipfelfalter

Satyrium acaciae

Der Falter hat auf den Flügelunterseiten eine mehr oder weniger gut sichtbare weiße Querlinie und eine orangefarbene Reihe von Flecken am Hinterflügelaußenrand. Spannweite bis zu 3 cm. Flugzeit: in einer Generation von Juni bis Anfang August. Die Raupe lebt von Mai bis Juni nur an Schlehe in warmen, trockenen Lebensräumen wie Trockenrasenhängen mit Schlehengebüsch und Hecken, aber auch in lichten warmen Laubwäldern, wie im südlichen Steigerwald. RL 3.

J	F	M	A	M	J	J	A	S	O	N	D

Brauner Eichen-Zipfelfalter

Satyrium ilicis

Die weiße Linie auf den Flügelunterseiten ist sichtbar unterbrochen. Die rotorangen Mondflecken sind ähnlich wie bei *S. acaciae*, der Falter jedoch ist deutlich größer. Spannweite bis zu ca. 3,2 cm. Flugzeit: in einer Generation von Juni – Mitte August. Die Raupe ist von April – Mitte Juni an jungen Eichentrieben und Knospen auf Lichtungen und an Rändern von Eichenwäldern, in Eichenjungwuchs und Aufforstungen und auch Kiesgruben zu finden. RL 3.

J	F	M	A	M	J	J	A	S	O	N	D

Bestimmungshilfe für Zipfelfalter durch Flügelvergleich

Pflaumenzipfelfalter

Brauner Eichen-Zipfelfalter

Blauer Eichen-Zipfelfalter

Grüner Zipfelfalter

Ulmen-Zipfelfalter

Kleiner Schlehen-Zipfelfalter

Kreuzdorn-Zipfelfalter

Nierenfleck

Bärenspinner

Rotkragen-Flechtenbärchen

Atolmis rubricollis

Anthrazitfarben mit orangerotem Kragen am Halsansatz. Ende des Hinterleibes ebenso gefärbt. Spannweite bis 3,5 cm. Flugzeit: in einer Generation von Mai bis Ende Juli in Wäldern, bevorzugt als eine der wenigen Schmetterlingsarten Nadelwälder. Raupe von Mitte Juli bis Ende September an Flechtenarten wie der Gelbflechte. RL G.

J	F	M	A	M	J	J	A	S	O	N	D

Rotrandbär

Diacrisia sannio

Beim Männchen Vorderflügel gelb mit rotem Rand, roter Flügeläderung und je einem roten Fleck. Weibchen eher hellbraun mit orangebrauner Zeichnung. Hinterflügel mit schwarzer Färbung, von gelben Adern und Flecken durchzogen. Spannweite bis 4,5 cm. Flugzeit: in ein bis zwei Generationen Mai bis August auf Waldlichtungen, in feuchten Wiesen und auch auf Trockenrasen. Raupe von Juli bis Mai des Folgejahres an Brennnessel, Labkraut, Wegerich, Löwenzahn und anderen.

J	F	M	A	M	J	J	A	S	O	N	D

Zimtbär

Phragmatobia fuliginosa

Die zimtbraune Farbe der Vorderflügel gibt dem Falter den Namen. Hinterflügel karminrot mit schwarzen Flecken. Spannweite bis 3,5 cm. Flugzeit: in zwei bis drei Generationen von Mitte April bis Oktober an Waldrändern, in Gärten, Streuobstwiesen und auch Feuchtwiesen. Raupen ganzjährig an Brennnessel, Löwenzahn und auch Sträuchern wie Brombeere, Schlehe und anderen anzutreffen.

J	F	M	A	M	J	J	A	S	O	N	D

Rosen-Flechtenbärchen

Miltochrista miniata

Vorderflügel mit gelber Grundfärbung und rosarotem Saum am Außenrand der Flügel, charakteristische schwarze Wellenlinien und Flecken. Spannweite bis 3 cm. Flugzeit: in einer Generation von Juni bis Ende Juli in Wäldern, Feldgehölzen und Hecken. Raupe von Mitte August bis Anfang Juni des Folgejahres an Gelbflechte und anderen Flechtenarten.

J	F	M	A	M	J	J	A	S	O	N	D

Wegerichbär

Parasemia plantaginis

Vorderflügel mit weißer bis gelblicher Zeichnung auf schwarzem Grund. Hinterflügel rot oder gelbbraun auf schwarzem Grund gezeichnet. Spannweite bis 4 cm. Flugzeit: in zwei Generationen von April bis September auf Bergmatten, in Feuchtwiesen und Waldlichtungen. Raupe von August bis Anfang Mai des Folgejahres an verschiedenen Pflanzen wie Spitzwegerich, Löwenzahn und anderen. Deutlich im Rückgang begriffen. RL V.

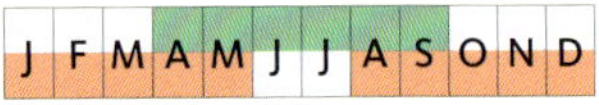

Brauner Bär

Arctia caja

Vorderflügel mit weißem, netzartigem Muster auf dunkelbraunem Grund. Hinterflügeloberseite hellrot mit stahlblau glänzenden, runden Flecken. Hinterleib rot.

Spannweite bis 7 cm. Flugzeit: in einer Generation Mitte Juni bis September in lichten Wäldern, in Fluss- und Bachtälern, Gärten. Raupe von Mitte August bis Juni des Folgejahres an Himbeere, Heidelbeere, Salweide, Brennnessel und anderen. Weit verbreitet, aber im Bestand abnehmend.

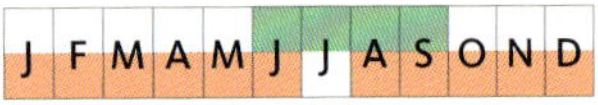

Schwarzer Bär

Arctia villica

Vorderflügeloberseite mit weißem Fleckenmuster auf schwarzem Grund. Hinterflügeloberseite mit je einem großen, schwarzen Fleck am Hinterflügelaußenrand und kleinen schwarzen Flecken auf gelbem Grund. Spannweite bis 6 cm. Flugzeit: in einer Generation von Mitte Mai bis Mitte Juli auf warmen Trockenrasen und sonnigen Hängen. Raupe von Juli bis Mitte Mai des Folgejahres an Taubnessel, Brombeere, Löwenzahn und anderen. Sehr selten. RL 1.

J	F	M	A	M	J	J	A	S	O	N	D

Zeichnungsvariante aus dem Mittelmeerraum

Elfenbein-Flechtenbärchen

Cybosia mesomella

Vorderflügel hellgelb oder fast weiß mit einem gelben Außenrand und je zwei schwarzen Punkten. Spannweite bis über 3 cm. Flugzeit: in einer Generation von Mitte Mai bis Anfang August in Wäldern, auf Lichtungen und an Waldrändern. Raupe von August bis Mai des Folgejahres an Flechtenarten wie der häufigen Gelbflechte.

J	F	M	A	M	J	J	A	S	O	N	D

Weiße Tigermotte
Breitflügeliger Fleckleibbär
Spilosoma lubricipeda
Flügelgrundfarbe weiß mit wenigen bis vielen, unregelmäßig angeordneten schwarzen Punkten. Spannweite bis über 4 cm. Flugzeit: in einer Generation von Mai bis Anfang August in lichten Wäldern, trockenen und feuchten Wiesen und auch Gärten. Raupe von Juni bis September an Großer Brennnessel, Löwenzahn, Natternkopf und anderen Pflanzenarten.

J	F	M	A	M	J	J	A	S	O	N	D

Gelber Fleckleibbär
Spilosoma lutea
Der Falter ähnelt der vorangegangenen Art, ist jedoch eher gelblich. Die schwarzen Flecken sind unterschiedlich groß und bilden eine Reihe quer über die Vorderflügel. Spannweite bis 4 cm. Flugzeit: in ein bis zwei Generationen von Mai bis Anfang August in Auwäldern, an Waldrändern, in Gärten und Parks. Raupe von Juli bis Mai des Folgejahres an Brennnesseln, Kohldistel, Waldrebe und anderen.

J	F	M	A	M	J	J	A	S	O	N	D

Russischer Bär

Callimorpha quadripunctaria

Vorderflügel schwarz mit weißgelben Querstreifen an der Spitze der Flügel in Form eines „V“. Hinterflügel mit schwarzen Flecken auf roter Grundfarbe. Spannweite bis 6 cm. Flugzeit: in einer Generation von Juli bis September auf gebüschreichen Trockenrasen und an Waldrändern in warmen Gebieten Süddeutschlands, häufig beim Saugen an Wasserdost zu beobachten. Raupe von September bis Juni des Folgejahres an verschiedenen Kräutern wie Großer Brennnessel, Wiesensalbei, Natternkopf, Brombeere und anderen. RL V.

J	F	M	A	M	J	J	A	S	O	N	D

Schönbär

Callimorpha dominula

Vorderflügeloberseite mit kleineren und größeren weißen und hellgelben Flecken auf schwarzem, blaugrün schillerndem Grund. Spannweite bis 5 cm. Flugzeit: in einer Generation von Anfang Juni bis Mitte August an kühleren und feuchten Standorten wie Wäldern und Feuchtwiesen, wo der Falter gerne die Blüten des Wasserdostes aufsucht. Raupe von August bis Mai des Folgejahres an Gehölzen und Stauden wie Heckenkirsche, Himbeere, Weiden, Mädesüß, Großer Brennnessel und anderen.

J	F	M	A	M	J	J	A	S	O	N	D

Jakobskrautbär

Tyria jacobaea

Grundfarbe der Vorderflügel schwarz mit roten Streifen und je zwei roten Punkten. Hinterflügel rot mit schwarzem Randsaum. Spannweite bis 4,2 cm. Flugzeit: in einer Generation Mai bis August auf Trockenrasen, Streuwiesen und an Flussufern in den Alpen. Raupe von Juni bis September an Jakobsgreiskraut, Huflattich und Pestwurzarten. Bestand rückgängig. RL V.

J	F	M	A	M	J	J	A	S	O	N	D

J	F	M	A	M	J	J	A	S	O	N	D

Augsburger Bär

Pericallia matronula

Die Vorderflügel sind dunkelbraun mit weißlich-gelben Flecken am Vorderrand. Die Hinterflügel sind gelb gefärbt und tragen schwarze Flecken, ebenso wie der rote Hinterleib eine schwarze Fleckenreihe zeigt. Spannweite bis zu 8 cm. Flugzeit: in einer Generation von Juni bis Juli. Die Raupen leben ganzjährig von August bis Mai des übernächsten Jahres an verschiedenen Pflanzen und Sträuchern wie Löwenzahn, Himbeere, Heckenkirsche und anderen und brauchen 2 Jahre für Ihre Entwicklung. Die Falter leben in trocken-warmen Steilhängen, mit Gebüsch, Waldsäumen und offenen, vegetationsfreien Bereichen. Die sehr attraktive Art ist eine der seltensten in Deutschland mit wenigen Fundstellen in der Schwäbischen Alb und in Südostbayern. RL 1.

Schwärmer

Hummelschwärmer
Hemaris fuciformis
Beide Flügelpaare sind bis auf den Saum schuppenfrei, glasartig durchsichtig, mit einem rotbraunen, beschuppten Rand an den Außenseiten. Körper stark pelzartig behaart mit einem rotbraunen Ring und anschließenden gelben und schwarzen Flecken aus Behaarung. Spannweite bis 4,5 cm. Flugzeit: in 2 Generationen von Mai bis August. Tagaktiver, blütenbesuchender Nachtfalter. Raupe von Juni bis September an Roter und anderen Heckenkirschenarten an Waldrändern, Lichtungen, in Parkanlagen und Gärten. RL 3.

J	F	M	A	M	J	J	A	S	O	N	D

Lindenschwärmer
Mimas tiliae
Dunkle Binde des Vorderflügels meist unterbrochen, variabel in der Färbung von bräunlichen roten, rosa bis Grüntönen. Außenränder der Vorderflügel stark eingebuchtet. In der Regel je zwei auffällig dunklere Flecken in der Mitte. Spannweite bis 7,5 cm. Rüssel verkümmert und nicht zur Nahrungsaufnahme fähig. Flugzeit: in einer Generation von Mitte April bis Ende Juli in Wäldern, an Lichtungen und Waldrändern. Raupe von Juni bis Ende August an Linden und auch anderen Laubgehölzen.

J	F	M	A	M	J	J	A	S	O	N	D

Pappelschwärmer
Lathoe populi
Außenrand des Vorderflügels stark gewellt. Flügeläderung orange hervortretend. Vorderflügel hellgrau bis braun mit dunklen Querbinden. Hinterflügel mit je einem orangen bis rostbraunem Fleck. Rüssel verkümmert und nicht zur Nahrungsaufnahme fähig. Spannweite bis 9 cm. Flugzeit: in einer Generation von April bis August an den Rändern von Laubgehölzen. Raupe von Juni bis September an Pappelarten, auch an Weiden.

J	F	M	A	M	J	J	A	S	O	N	D

Abendpfauenauge
Smerinthus ocellata
Außenrand des Vorderflügels ausgebuchtet mit nur einem Ausschnitt nahe dem inneren Winkel. Bräunlichgraue Grundfärbung mit brauner Zeichnung. Hinterflügel mit blauen Augenflecken, schwarz umrandet auf rosarot ins gelbliche überlaufender Grundfärbung. Augenzeichnung dient zur Feindabwehr (s. S. 36). Spannweite bis 8 cm. Flugzeit: in einer Generation von Mai bis Ende Juli in Wäldern, auch in Gärten. Raupe von Juni bis September an Weide und Obstbäumen.

J	F	M	A	M	J	J	A	S	O	N	D

Totenkopfschwärmer
Acherontia atropos
Mit bis über 13 cm Spannweite größter in Deutschland heimischer Falter. Am Rücken hinter dem Kopf die namengebende Totenkopfzeichnung. Bräunlichgraue Grundfärbung mit hellen, weißen und braunen Flecken. Hinterflügel gelb mit dunklen Streifen, Hinterleib dunkelbraun mit gelben Flecken. Flugzeit: in einer Generation von Mai bis Oktober. Die Raupe kann man von Juli bis Ende September in verschiedenen Farbvarianten von Gelb über Grün bis Braun an Nachtschattengewächsen wie Kartoffel, Tollkirsche und auch vielen anderen Pflanzen wie Liguster oder Flieder finden. Siehe auch S. 17 („Langstreckenflieger und Feinschmecker mit der Vorliebe für Honig“).

J	F	M	A	M	J	J	A	S	O	N	D

Kiefernschwärmer
Hyloicus pinastri
Hinterleib oberseits mit dunkler Längslinie, Vorderflügel hellbraun bis bräunlich-grau mit je drei dunklen Längsstrichen. Brustabschnitt durch zwei dunkle Streifen begrenzt. Spannweite bis 8 cm. Flugzeit: in einer Generation von April bis Ende August in Nadel- und Mischwäldern. Raupe von Juni bis Oktober als eine der wenigen Falterarten an Nadelhölzern wie Fichte und Waldkiefer.

J	F	M	A	M	J	J	A	S	O	N	D

Windenschwärmer

Agrius convolvuli

Hinterleib oberseits rosa und schwarz gebändert. Bräunlichgraue Vorderflügeloberseite mit dunklen, schmalen Strichen und Zackenlinien. Spannweite bis zu 13 cm. Flugzeit: bei uns in einer Generation von Anfang Juni bis Oktober. Raupe von Juli bis September an Windenarten. Der Wanderfalter aus dem südlichen Mittelmeerraum und Afrika kann mit seinem mehr als 10 cm langen Rüssel Blüten besuchen, die anderen Faltern verwehrt sind, wie Tabak, Stechapfel oder andere Exoten im Garten. Die Puppe ist als einzige unverwechselbar durch die lange abstehende Rüsselhülle.

J	F	M	A	M	J	J	A	S	O	N	D

J	F	M	A	M	J	J	A	S	O	N	D

Taubenschwänzchen

Macroglossum stellatarum

Körper grau behaart, Vorderflügel hell bräunlichgrau mit dunkler Querbänderung. Hinterflügel orangegelb. Fransenartig abstehende, schwarzweiße Behaarung am Hinterleib, in einer pinselartigen Ausstülpung endend. Spannweite bis 5 cm. Flugzeit: in einer Generation von Juni bis Ende September an warmen Plätzen wie Trockenrasen, Waldrändern und oft auch in Gärten, sogar an Geranien auf Balkonen saugend zu beobachten. Wanderfalter aus dem Süden, der aufgrund seines Schwirrfluges und seiner häufigen Blütenbesuche am Tag oft mit Kolibris verwechselt wird. Kann sich in warmen Jahren bei uns fortpflanzen und überwintern. Raupe von Juni bis September an Labkrautarten.

Kleiner Weinschwärmer
Deilephila porcellus
Mit bis 4,5 cm Spannweite kleiner als der Mittlere Weinschwärmer. Grundfarbe der Vorderflügel olivbraun mit gezackter weinroter bis rosafarbener Umrandung. Flugzeit: in einer, manchmal zwei Generationen von Mai bis Ende August auf Trockenrasen, Ruderalflächen, Dämmen und in Steinbrüchen. Raupe von Juni bis Anfang Oktober an Labkrautarten und Weidenröschen.

J	F	M	A	M	J	J	A	S	O	N	D

Mittlerer Weinschwärmer
Deilephila elpenor
Vorderflügel olivbraun mit je drei weinroten, übereinander angeordneten Längsstreifen. Körper mit rosa Binden. Hinterflügel rosa mit schwarzem Band. Spannweite bis 6 cm. Flugzeit: in einer, manchmal zwei Generationen von Mai bis August. Falter ist nachtaktiv und in lichten Wäldern, Parks und Gärten zu beobachten. Raupe grün oder braun gefärbt, mit auffälligen Augenflecken hinter dem Kopf, lebt von Juni bis Anfang Oktober an Schmalblättrigem Weidenröschen, Blutweiderich und Indischem Springkraut, im Garten oft an Fuchsien.

J	F	M	A	M	J	J	A	S	O	N	D

Ligusterschwärmer

Sphinx ligustri

Hinterleib rosa und schwarz gebändert. Vorderflügel hellbraun mit dunkelbrauner Binde von der Flügelbasis zur Flügelspitze von einer Wellenlinie begrenzt. Hinterflügel ebenso wie Hinterleib rosa mit schwarzen Streifen. Spannweite bis 12 cm. Flugzeit: in einer Generation von Mai bis August an Waldrändern und auch in Gärten mit Ligusterhecken. Raupe von Juli bis September an Liguster, Esche und Flieder.

J	F	M	A	M	J	J	A	S	O	N	D

Wolfsmilchschwärmer

Hyles euphorbiae

Vorderflügel hellgelbbraun mit dunkler Fleckenzeichnung und Bänderung. Hinterflügel rot bis rosa mit schwarzer Bänderung und weißen Flecken. Spannweite bis 7,5 cm. Flugzeit: in einer bis zwei Generationen von Mai bis Ende August auf Trockenrasen an Dämmen, wärmeliebend. Raupe von Juni bis Ende September an Zypressenwolfsmilch, sehr auffällig in Warnfarben Rot und Schwarz.

J	F	M	A	M	J	J	A	S	O	N	D

Labkrautschwärmer

Hyles galii

Vorderflügel durchgehend dunkel, olivbraun mit gelbweißer, schmaler, keilförmiger Längsbinde mit zwei Zacken. Hinterflügel ähnlich gefärbt wie beim Wolfsmilchschwärmer. Spannweite bis 8 cm. Flugzeit: in einer bis zwei Generationen von Juni bis November auf Wiesen, Trockenrasen, an Waldrändern und auch in Gärten. Raupe von Juli bis September an Labkrautarten und Schmalblättrigem Weidenröschen.

J	F	M	A	M	J	J	A	S	O	N	D

Nachtkerzenschwärmer

Proserpina proserpinus

Der eher kleine Vertreter der Schwärmer hat eine dunkelgrüne Querbinde über die Mitte der Vorderflügel und je einen hell umrandeten schwarzen Fleck. Der Außenrand von Vorder- und Hinterflügel ist am Hinterrand gezackt. Die Hinterflügel sind gelb und haben einen schwarzen Saum am Außenrand. Flügelspannweite bis zu 4,5 cm. Flugzeit: in einer Generation von Ende April bis Juli. Die Raupe lebt von Juni bis August an Weidenröschen und Nachtkerzen. Der Falter bevorzugt wärmere Lebensräume in Kiesgruben, an Ufern von Gewässern, Brachflächen, Waldrändern und auch Gärten und ist meist nicht häufig zu finden. RL V.

J	F	M	A	M	J	J	A	S	O	N	D

Eulenspinner

Achatspinner

Habrosyne pyritoides

Vorderflügel mit sehr markantem Muster aus weiß umrandeten, rötlich-braunen Wellenlinien und einem weißen Dreieck, welches einen rotbraunen Fleck umfängt. Die Hinterflügel sind graubraun. Spannweite bis zu 4 cm. Flugzeit: in ein bis zwei Generationen von Anfang Mai – Ende August an Waldrändern, -lichtungen mit Brombeerbewuchs, auch in Gärten und Parks. Raupe von Juli bis September an Brombeere und Himbeere.

J	F	M	A	M	J	J	A	S	O	N	D

Augen-Eulenspinner

Tethea ocularis

Die Vorderflügel sind braungrau, mit einem durch schwarze Querlinien begrenzten, helleren Querband, in dem zwei hellgraue bis weiße Flecke liegen. Die Hinterflügel sind grau mit dunkleren Querbinden. Flügelspannweite bis zu 3,8 cm. Flugzeit: in ein bis zwei Generationen von Mai bis August in Laub- und Auwäldern mit Pappelbeständen. Die Raupe lebt von Juni bis September an Pappelarten, wie der Zitterpappel.

J	F	M	A	M	J	J	A	S	O	N	D

Roseneule
Thyatira batis
Die Vorderflügel sind graubraun mit je fünf, teils weiß umrandeten weiß oder rosa bis braun gefüllten Flecken. Hinterflügel hellbraun, zum unteren Rand dunkler werdend. Flügelspannweite bis 4 cm. Flugzeit: in zwei Generationen von Ende April bis Ende August an Waldrändern und -lichtungen mit Brombeerbestand, auch in Gärten und Parks. Raupe von Mitte Mai – Mitte Oktober an Brombeere und Himbeere.

J	F	M	A	M	J	J	A	S	O	N	D

Zweipunkt-Eulenspinner
Ochropacha duplaris
Der Falter ist unauffällig grau mit verwischten, kaum sichtbaren Wellenlinien und je einem schwarzen Doppelfleck auf den Vorderflügeln. Flügelspannweite bis 3,5 cm. Flugzeit: in zwei Generationen von Mitte Mai bis Mitte Juli und von Ende Juli bis Mitte September. Die Raupe lebt von August bis Oktober zwischen Blättern versponnen, und auch die zweite Generation frisst von Juni bis Juli des Folgejahres an Erlen, Birken und Pappeln in feuchten Auwäldern und Gehölzen und an Fluss- und Bachufern.

J	F	M	A	M	J	J	A	S	O	N	D

Sichelflügler

Heller Sichelflügler

Drepana falcataria

Die stark gebogenen Vorderflügel sind charakteristisch. Die Grundfarbe geht von gelblich- bis rötlichbraun mit schwarzen, wellenförmigen Mustern, einem schmalen, braunen zur Flügelspitze laufenden Band und einem runden, dunklen Fleck. Flügelspannweite bis 3,5 cm. Flugzeit: in zwei Generationen von April bis Ende August in Laub- und Erlenbruchwäldern, Mooren mit Birkenbeständen und auch in Parks und Gärten. Raupe von Mai bis September an Birke und Schwarzerle.

J	F	M	A	M	J	J	A	S	O	N	D

Silberspinner

Cilix glaucata

Vertreter der Sichelflügler ohne die entsprechende Flügelform. Vorderflügel weiß mit grauer Fleckenzeichnung am Saum und dunkelbraunen ins gelbe und graue übergehenden Flecken in der Flügelmitte und darin einige silbrig schimmernde Schuppenflächen (namensgebend). Flügelspannweite bis über 2 cm. Flugzeit: in zwei bis drei Generationen von April bis September an Waldrändern, -lichtungen und Hecken, auf mit Gebüsch bestandenen Trockenrasen, auch in Gärten. Raupe von Mai bis Oktober an Weißdorn und Schlehe.

J	F	M	A	M	J	J	A	S	O	N	D

Birken-Jungfernkind

Archiearis parthenias

Vorderflügel braun, meist mehr oder weniger grau und weißlich gemischt, mit oft nur angedeuteter weißlicher Mittelbinde. Hinterflügel orange mit schwarzem Fleck und schwarzem Saum. Spannweite bis zu 4 cm. Flugzeit: in einer Generation schon früh im Jahr von Februar bis Ende April in lichten Wäldern mit Birken und Birkenalleen. Raupe von April bis Juni an Birken.

J	F	M	A	M	J	J	A	S	O	N	D

Frühlings-Kreuzflügel

Alsophila aescularia

Vorderflügel grau bis bräunlichgrau. Die stark gezähnten Querlinien an den abgewandten Seiten weiß. Vorderflügel und Hinterflügel mit deutlichem schwarzen Mittelpunkt. Auf den Aderenden beider Flügel schwarze Punkte. Spannweite bis zu 3,5 cm. Flugzeit: in einer Generation sehr früh im Jahr ab Februar bis etwa Ende April an Waldrändern, in Heckenbereichen und auch Gärten. Raupe von April bis Juni an Laubhölzern wie Eiche, Schlehe, Buche und anderen.

J	F	M	A	M	J	J	A	S	O	N	D

Schwarzspanner

Odezia atrata

Vorderflügel und Hinterflügel schwarz. Fransen an den Spitzen der Vorderflügel mehr oder weniger weiß. Spannweite bis zu 3 cm. Flugzeit: in einer Generation von Ende Mai bis August auf grasreichen Waldlichtungen und -rändern, Moorwiesen und Gewässerrändern. Raupe von März bis Mai an Kälberkropfarten.

J	F	M	A	M	J	J	A	S	O	N	D

Grünes Blatt

Geometra papilionaria L.

Flügel kräftig grün mit zwei gezähnten, weißlichen Querlinien und in weißliche Flecke aufgelöster Wellenlinie. Letztere und innere Querlinie oft undeutlich oder teilweise fehlend. Flügelfarbe in abgeflogenem Zustand weißlich oder gelblichgrau. Spannweite bis zu 5 cm. Flugzeit: in einer Generation von Juni bis August im Wald, in Heidebereichen und auch in Gärten. Raupe von August bis Mai des Folgejahres an verschiedenen Laubhölzern wie Birke, Hasel, Weide, Linde und anderen.

J	F	M	A	M	J	J	A	S	O	N	D

Gebüsch-Grünspanner

Hemithea aestivaria

Vorderflügel grün, von zwei hellen Wellenlinien quer zu je einem Drittel unterteilt. Flügelfransung abwechselnd gelblich und grau gestreift. Spannweite bis zu 3 cm. Flugzeit: in einer Generation von Ende Mai bis Mitte August in Hecken, Gebüsch, Gärten und Parks. Raupe von August bis Mai des Folgejahres an Laubgehölzen wie Schlehe, Weißdorn, Stachelbeere, Heidelbeere und anderen.

J	F	M	A	M	J	J	A	S	O	N	D

Birken-Gürtelpuppenspanner

Cyclophora albipunctata

Flügelfarbe grauweiß. Innere Querlinie punktförmig, oft undeutlich. Äußere Querlinie schwärzlich, punktförmig, deutlich hervortretend. Die deutlichen Ringflecke bräunlich gerandet. Am Saum schwärzliche Punkte. Spannweite bis zu 2,5 cm. Flugzeit: in zwei Generationen von Mitte April bis August in Wäldern, Heide- und Moorflächen mit Birken. Raupe von Juni bis September hauptsächlich an Hängebirke.

J	F	M	A	M	J	J	A	S	O	N	D

Marmorierter Kleinspanner
Scopula immorata
Flügel olivgrau bis graubraun, mit zwei bis drei weißlichen, schwarz bestäubten, gewellten Querlinien. Saumlinie schwärzlich, manchmal strichförmig. Fransen weiß und bräunlich gescheckt. Spannweite bis über 2,5 cm. Flugzeit: in einer Generation von Juni bis Juli auf warmen Trockenrasen. Raupe von Juni bis August an Knöterich, Klee und anderen Kräutern.

J	F	M	A	M	J	J	A	S	O	N	D

Graubinden-Labkrautspanner
Epirrhoe alternata
Vorderflügel am Flügelansatz, im Mittelbereich und am Saum grau gemustert durch mehrere weiße gezackte Wellenlinien. Spannweite bis zu 2,5 cm. Flugzeit: in zwei Generationen von April bis September an Waldrändern, Hecken, aber auch in Gärten und Parks. Raupen von August bis April des Folgejahres an Labkrautarten.

J	F	M	A	M	J	J	A	S	O	N	D

Schwarzbraunbinden-Blattspanner

Xanthorhoe montanata

Vorderflügel in der Grundfarbe weiß, von hellbraunen Querbändern durchzogen. Das braune Mittelband ist nach innen deutlich eingeschnürt und öffnet sich unter dem Vorderrand meist zu zwei Querbändern, einen weißen Fleck mit schwarzem Mittelpunkt einschließend. Spannweite bis zu 3,3 cm. Flugzeit: in einer Generation von Mai bis Ende Juli auf Lichtungen und Rändern von Laubmisch- und Nadelwäldern. Raupe von August bis April des Folgejahres an Ampferarten, Brombeere, Schlüsselblume und anderen.

J	F	M	A	M	J	J	A	S	O	N	D

Schmuck-Kleinspanner

Scopula ornata

Flügel rein weiß. Zwischen der hellgrauen Wellenlinie vor dem Saum und der äußeren Querlinie einige hell goldbraune Flecke. Saumlinie strichförmig hell und dunkel gescheckt. Spannweite bis über 2,5 cm. Flugzeit: in zwei Generation von Mai bis September auf Magerrasen. Raupe lebt von August bis April des Folgejahres an Schafgarbe, Löwenzahn, Ampfer und anderen Kräutern.

J	F	M	A	M	J	J	A	S	O	N	D

Ockergelber Blattspanner

Camptogramma bilineata

Grundfarbe der Vorder- und Hinterflügel gelb bis ockerbraun. Flügel gelb mit zahlreichen bräunlichen, gezackten Querlinien. Saumlinie meist schwarz, durchgehend, leicht gewellt. Spannweite bis zu 3 cm. Flugzeit: in zwei Generationen von Mitte Mai bis Ende September. Die Art bevorzugt keinen bestimmten Lebensraum und fliegt sowohl im Wald- und Offenland als auch an feuchten und trockenen Stellen. Raupe von August bis Juni des Folgejahres an Straußblütigem Sauerampfer, Sonnenröschen und Kriechendem Hauhechel.

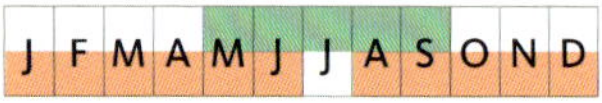

Prachtgrüner Bindenspanner

Colostygia pectinataria

Der Spanner hat eine grüne bis blaugrüne Grundfärbung und ein quer laufendes, weiß gesäumtes Band mit je zwei schwarzen Flecken am Vorderflügelaußenrand und einem am Innenrand. Spannweite bis zu 2,8 cm. Flugzeit: in ein bis zwei Generationen von Mai bis Ende Juni und August bis Mitte September. Weißdorn und Labkraut sind die bevorzugten Futterpflanzen der Raupen, die von September mit Überwinterung bis zum Mai des Folgejahres und in der weiteren Generation von Juni bis August auftreten. Die Falter sind in allen Arten von Laubwäldern, Gebüschsäumen, Waldrändern, Heidegebieten, in Steinbrüchen und Kiesgruben, Gärten und anderen Lebensräumen zu finden.

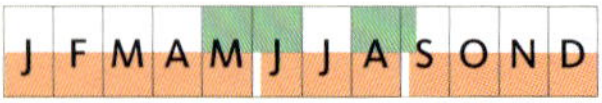

Kleiner Kreuzdornspanner
Philereme vetulata
Vorderflügel grau mit zahlreichen gewellten, eher undeutlichen Querlinien. Am Außenrand sind die Flügel wellenförmig gezähnt. Spannweite bis zu 3 cm. Flugzeit: in einer Generation von Mai bis August, Trockenrasen mit Gebüsch, Waldränder mit Saumzone sind bevorzugte Biotope. Raupe von April bis Anfang Juni neben Kreuzdorn auch an Faulbaum.

J	F	M	A	M	J	J	A	S	O	N	D

Großer Kreuzdornspanner
Philereme transversata
Vorderflügel holzbraun bis schwarzbraun. Deutlich kontrastreich mit einem breiten, dunkelbraunen Mittelfeld und zahlreichen Querlinien. Spannweite bis zu 3,5 cm. Flugzeit: in einer Generation von Juni bis August an Stellen mit Gebüsch an Waldrändern, Hecken, auf Trockenrasen und in Mooren. Raupe von Mitte April bis Anfang Juni an Kreuzdorn, Faulbaum und Schlehe.

J	F	M	A	M	J	J	A	S	O	N	D

Kleiner Frostspanner

Operophtera brumata

Vorderflügel des Männchens dunkel gelbbraun bis graubraun mit mehreren undeutlichen, etwas gezähnten dunkleren Querlinien. Weibchen mit verkümmerten Flügeln, die höchstens die halbe Körperlänge erreichen. Spannweite bis zu 3 cm. Flugzeit: in einer Generation erscheinen die Falter sehr spät im Jahr zu den ersten Frösten von November bis Dezember in Wäldern, Obstwiesen, Parks und Gärten. Die Raupe erscheint von April bis Juni und ist ausgesprochen polyphag. Mehr als 50 verschiedene Baum und Straucharten sind als Nahrung nachgewiesen, vom Apfelbaum über Schlehe bis zu Weidenarten.

J	F	M	A	M	J	J	A	S	O	N	D

Buchenfrostspanner

Operophtera fagata

Flügel heller grau bis weißlichgelb als Kleiner Frostspanner, mit mehreren dunkelbraunen mehr oder weniger deutlichen Querlinien. Weibchen mit angedeuteten Flügelstummeln. Beide Arten *brumata* und *fagata* nur sicher durch Genitaluntersuchung bestimmbar. Flugzeit: in einer Generation von Oktober bis Anfang Dezember in Misch- und Buchenwäldern. Die Raupe bevorzugt Buchen, nimmt aber auch Birken von Mai bis Juni.

J	F	M	A	M	J	J	A	S	O	N	D

Hohlzahn-Kapselspanner
Perizoma alchemillata
Vorderflügel graubraun, Mittelfeld innen von zwei weißlichen Querlinien, außen von einer weißen Querbinde begrenzt, die durch eine dunkle Querlinie geteilt ist. Hinterflügel grau mit undeutlichen Querlinien. Spannweite bis über 2 cm. Flugzeit: in einer Generation von Ende Juni bis Ende August in Wäldern an Waldrändern, auf Lichtungen, an Hecken und auch in Gärten. Raupe von Juli bis September an Hohlzahn, Ziest und Taubnessel.

J	F	M	A	M	J	J	A	S	O	N	D

Wiesenrauten-Kapselspanner
Perizoma sagittata
Grundfärbung der Flügel rotbraun. Zwei dunkelbraune Bänder ziehen sich quer über die Vorderflügel, davon das mittlere mit je einem Zacken nach unten. Spannweite bis 2,3 cm. Flugzeit: in einer Generation von Juni bis Juli ausschließlich in Auwäldern. Raupe von August bis September an Wiesenrauten. Sehr selten. RL 2.

J	F	M	A	M	J	J	A	S	O	N	D

Leinkraut-Blütenspanner
Eupithecia linariata
Flügelgrundfarbe ockergelb mit einer breiten, dunkelgrauen Binde und dunklen Flecken am Saum der Vorderflügel. Spannweite bis über 2 cm. Flugzeit: in ein bis zwei Generationen von Juni bis September. Der Lebensraum des Falters erstreckt sich auf Brachflächen, Dämme und Gärten. Raupe von Juli bis August und von September bis Oktober an Gemeinem Leinkraut.

J	F	M	A	M	J	J	A	S	O	N	D

Sturmvogel
Melanthia procellata
Flügel von reinweißer Grundfarbe. Vorderflügel mit schwarzbraunem Wurzelfeld und großem, viereckigem dunkelbraunem Fleck in der Mitte am Vorderrand, von dem aus oft Querlinien zum Innenrand laufen. Spannweite bis zu 4 cm. Flugzeit: in zwei Generationen von Anfang Mai bis Anfang September in Auwäldern und an Waldrändern, wo die Waldrebe wächst. Die Raupe von Juni bis Juli und August bis September an Gewöhnlicher Waldrebe.

J	F	M	A	M	J	J	A	S	O	N	D

Stachelbeerspanner
Abraxas grossulariata
Flügel weiß. Vorderflügel mit zwei gelben, von schwarzen Flecken gesäumten Querlinien. Hinterflügel weiß mit einem Saum schwarzer Flecken. Spannweite bis zu 4,5 cm. Flugzeit: in einer Generation von Juni bis August. Raupe bevorzugt an Stachelbeere, Hasel, Schlehe und anderen Straucharten von August bis Juni des Folgejahres. Der Lebensraum reicht von Auwäldern bis zu Gärten. Die Art ist selten geworden. RL V.

J	F	M	A	M	J	J	A	S	O	N	D

Flügeldetail

Ulmen-Harlekin
Abraxas sylvata
Flügel weiß. Vorderflügel mit je einem rostbraunen Fleck in Kopfnähe und am Innenrand. Am Vorderrand und an der äußeren Begrenzung graue Flecken. Auf Blättern sitzend sieht der Falter wie Vogelkot aus. Spannweite bis zu 4 cm. Flugzeit: in einer Generation von Mai bis August in Laubwäldern. Raupe von Juli bis September an Laubholzarten wie Ulme, Traubenkirsche und anderen.

J	F	M	A	M	J	J	A	S	O	N	D

Weißstirn-Weißspanner
Cabera pusaria
Flügel weiß, oft fein dunkel überstäubt. Vorderflügel mit drei fast geraden, kaum gezähnten dunkelgrauen Querlinien, zwei ebensolche auf den Hinterflügeln. Spannweite bis 3,5 cm. Flugzeit: in zwei Generationen von Ende April bis Ende September in Laubwäldern. Raupe von Juni bis September an verschiedenen Laubgehölzen wie Birke, Weide, Eiche, Schwarzerle und anderen.

J	F	M	A	M	J	J	A	S	O	N	D

Gitterspanner
Kleespanner
Chiasmia clathrata
Grundfarbe der Flügel weiß oder gelb. Vorderflügel mit vier, Hinterflügel mit drei schwarzbraunen breiten Querlinien, so dass durch die ebenfalls schwarzbraune Aderung eine Gitterzeichnung entsteht. Fransen schwarz und weiß gescheckt. Spannweite bis zu 3 cm. Flugzeit: in zwei Generationen von April bis September auf Wiesen, Kleefeldern, Waldwiesen und Ackerbrachen. Raupe von Mai bis Juni und August bis September an Klee-Ginster, Labkraut und Luzerne.

J	F	M	A	M	J	J	A	S	O	N	D

Streifenspanner
Hobelspanner
Plagodis dolobraria
Vorderflügel weißlichgrau bis hell gelbbraun, mit zahlreichen feinen braunen Querstrichen und je einem violettbraunen Fleck. Hinterflügel weißlich mit großem, violettbraunem Fleck am Innenrand. Spannweite bis über 3 cm. Flugzeit: in einer Generation von Ende April bis Anfang Juni in Laubwäldern und Gärten. Raupe von Juni bis Juli an Eiche, Buche, Linde und anderen.

J	F	M	A	M	J	J	A	S	O	N	D

Gelbspanner
Ophitograptis luteolata
Flügel schwefelgelb. Am Vorderrand drei rötlichbraune Flecken, von denen der mittlere weiß und dunkel gerandet ist. Spannweite bis über 4 cm. Flugzeit: in zwei Generationen von Mitte April bis September in lichten Wäldern, an Hecken und auf mit Gebüsch bestandenem Offenland. Raupe von Juli bis August an Schlehe, Weißdorn und anderen Straucharten.

J	F	M	A	M	J	J	A	S	O	N	D

Pantherspanner
Pseudopanthera macularia
Flügel sattgelb mit mehreren Querreihen dunkelbrauner Flecken. Fransen am unteren Rand der Hinterflügel schwarz unterbrochen. Spannweite bis zu 3 cm. Flugzeit: in einer Generation von April bis Anfang Juli auf Trockenrasen, an Waldrändern und auf Waldlichtungen. Raupe von Juli bis September an Ziest, Gefleckter Taubnessel, Hauhechel und anderen.

J	F	M	A	M	J	J	A	S	O	N	D

Violettbrauner Mondfleckspanner
Selenia tetralunaria
Flügel dunkel rotbraun. Vorderflügel mit großem und breitem halbmondförmigen, durchsichtigen Mittelfleck und verwaschen weißem, scharf abgesetztem Querband. Spannweite bis zu 4 cm. Flugzeit: in zwei Generationen von Anfang April bis August in Wäldern und auch Gärten und Parks. Raupe von Juni bis Juli und August bis September an Eiche, Erle, Weide, Birke und anderen Laubgehölzen.

J	F	M	A	M	J	J	A	S	O	N	D

Nachtschwalbenschwanz

Ourapteryx sambucaria

Flügel gelblichweiß bis gelb. Auf dem Vorderflügel zwei bräunliche Querlinien, deren innere sich auf den Hinterflügel fortsetzt. Hinterflügel mit spitzen Schwänzchen. Spannweite bis zu 5 cm. Flugzeit: in einer Generation von Juni bis Anfang August in Wäldern, Gebüsch und auch in Gärten. Raupe August bis Juni des Folgejahres an verschiedenen Laubgehölzen wie Holunder, Schlehe, Zitterpappel und anderen.

J	F	M	A	M	J	J	A	S	O	N	D

Schlehenspanner

Pflaumenspanner

Angerona prunaria

Flügelfarbe rotorange bis hellgelb. Beide Flügel mit feiner grauer bis schwärzlicher Querstrichelung, deren Stärke und Umfang sehr variabel ist. Variation auch mit brauner Flügelfarbe und einer rötlichen Querbinde. Spannweite bis zu 4,5 cm. Flugzeit: in zwei Generationen von Mai bis Anfang September in lichten Wäldern, an Waldrändern und auch in Parks und Gärten. Raupe von August bis Mai des Folgejahres an verschiedenen Gehölzarten wie Heckenkirsche, Faulbaum, Schlehe, Pappel und anderen.

J	F	M	A	M	J	J	A	S	O	N	D

Farbvariante des Schlehenspanners

J	F	M	A	M	J	J	A	S	O	N	D

Großer Frostspanner

Erannis defoliaria

Vorderflügel des Männchens meist hellgelb oder graubraun mit zwei charakteristischen, mehr oder weniger sichtbaren breiten, braunen Bändern. Je zwei schwarze Flecken ergänzen die Merkmale. Das Weibchen hat nur kleine Flügelstummel, der Körper ist weißgrau mit schwarzen Flecken. Spannweite bis zu 4 cm. Flugzeit: sehr spät im Jahr in einer Generation ab Oktober bis Dezember in Wäldern, Streuobstwiesen, mit Bäumen und Sträuchern bestandenem Offenland und Parks und Gärten. Raupe von Mai bis Juli an verschiedenen Laubhölzern und Straucharten wie Birke, Hainbuche, Eiche, Schlehe, Weißdorn und anderen.

J	F	M	A	M	J	J	A	S	O	N	D

Birkenspanner

Biston betularia

Flügel von weißer Grundfarbe, mehr oder weniger dicht schwärzlich bestäubt, mit größeren, dunklen Flecken. Meist verwaschene oder unterbrochene Querlinien, jedoch am Vorderrand stets durch dicke, schwarze Flecken markiert. Hinterflügel mit meist undeutlicher Querlinie vor dem Saum. Beide Flügel mit hell und dunkel gescheckten Fransen. Der Falter ist perfekt an das Aussehen der Rinde von Birken angepasst. Spannweite bis zu 6 cm. Flugzeit: in einer Generation von Mai bis Juli. Raupe von Juli bis Oktober an Birken, Weiden, Eichen, Schlehe und anderen.

Schneespanner

Phigalia pedaria

Vorderflügel hellgrau, dunkler bestäubt, mit drei meist undeutlichen dunklen Querlinien, die am Vorderrand zu dunklen Flecken verdickt sind. Hinterflügel hellgrau, dunkel bestäubt mit zwei verwaschenen, dunklen Querlinien. Weibchen grau mit sehr kurzen Flügelstummeln und weißlich gefleckten Beinen. Spannweite bis zu 4 cm. Flugzeit: in einer Generation sehr früh im Jahr von Ende Januar bis Anfang April an Waldrändern, Hecken, in Gärten und Parks. Raupe von April bis Juni an Laubhölzern wie Pappel, Hainbuche, Weiden, Schlehen und anderen.

J	F	M	A	M	J	J	A	S	O	N	D

Pappel-Dickleibspanner

Biston strataria

Vorderflügel grauweiß, mehr oder weniger schwärzlich bestäubt mit zwei breiten, rötlichbraunen, stark gezackten Querbändern, am Vorderrand schwärzlich verdickt. Hinterflügel mit ein bis zwei Querlinien. Spannweite bis zu 5 cm. Flugzeit: in einer Generation ab Mitte Februar bis Mai. Raupe von Mai bis Juli an Zitterpappel, Eiche, Linde, Birke und anderen Laubgehölzen.

J	F	M	A	M	J	J	A	S	O	N	D

Gefleckter Rauschbeerenspanner

Arichanna melanaria

Vorderflügel weiß mit schwarzen Fleckenreihen. Hinterflügel gelb bis dunkelgelb mit schwarzen Flecken. Spannweite bis zu 4,5 cm. Flugzeit: in einer Generation von Ende Juni bis Ende August in Wäldern und Mooren. Raupe von September bis Mai des Folgejahres an Rauschbeere und Heidelbeere. Durch Anpassung kann sich die Raupe möglicherweise in neuerer Zeit auch an Zitterpappel in Wäldern finden.

J	F	M	A	M	J	J	A	S	O	N	D

Heideland-Tagspanner

Ematurga atomaria

Flügel des Männchens von ockergelber Grundfärbung, die des Weibchens gelblichweiß, bei beiden mehr oder weniger dicht braun gesprenkelt. Vorderflügel und Hinterflügel mit bräunlichen Querlinien. Spannweite bis zu 3 cm. Flugzeit: in zwei Generationen von Mitte März bis Ende August in Heidegebieten, Mooren und auf Magerrasen. Raupen von Mai bis September an verschiedenen Kräutern und Sträuchern wie Färberginster, Besenheide, Flockenblume, Hornklee und anderen. Häufig.

J	F	M	A	M	J	J	A	S	O	N	D

Kiefernspanner

Bupalus piniarius

Flügeloberseite braunschwarz. Vorderflügel mit weiß bis braungelben Bereichen. Hinterflügel mit zwei ebenso gefärbten, mehr oder weniger ausgebildeten breiten Querbändern. Spannweite bis zu 3,5 cm. Flugzeit: in einer Generation von April bis Juli. Raupe von Juni bis September an verschiedenen Nadelbäumen wie Kiefer, Fichte, Tanne und anderen. Einer der wenigen Nadelwaldbewohner, neigt auch gelegentlich zur Massenvermehrung.

J	F	M	A	M	J	J	A	S	O	N	D

Perlglanzspanner

Campaea margaritata

Flügel in frisch geschlüpftem Stadium hellgrün, von fast geraden, weißlich angelegten Querlinien durchzogen. Fransen an der Flügelspitze deutlich rötlich. Flügelfarbe schnell grauweiß verblassend. Spannweite bis zu 4 cm. Flugzeit: in zwei Generationen von Mitte Mai bis Oktober in Wäldern und auf Flächen mit Gebüsch. Raupe von Juli bis Mai des Folgejahres an verschiedenen Laubgehölzen wie Eiche, Weide, Buche, Birke und anderen.

J	F	M	A	M	J	J	A	S	O	N	D

Linienspanner

Hartheuspanner

Siona lineata

Flügel weiß mit einer schwarzen, namengebenden Aderung auf der Flügelunterseite. Spannweite bis über 4,5 cm. Flugzeit: in einer Generation von Ende Mai bis Juli auf Trockenrasen, Heiden, Moorwiesen und an Waldrändern. Raupe von Juli bis Mai des Folgejahres an verschiedenen Kräutern wie Löwenzahn, Thymian, Wegerich und anderen.

Garten-Blattspanner

Xanthorhoe fluctuata

Der Falter ist einer unserer häufigsten Spanner. Die Grundfärbung der Flügel ist grauweiß. Am Flügelansatz und im Mittelfeld des Vorderflügels befinden sich dunkelbraune Felder und erkennbare Wellenlinien. Die grauweißen Hinterflügel haben ebenfalls wellenförmige Linienzeichnungen. Spannweite über 3 cm. Flugzeit: in zwei Generationen von April bis Mitte Juni und von Juli bis Ende September. Die Raupen leben von August bis Oktober und von Mai bis Juni an verschiedenen Kreuzblütlern wie Knoblauchsrauke oder Kohl in verschiedensten Lebensräumen wie Mischwäldern, Nadelwäldern, Trockenrasen, Äckern, Brachflächen und Gärten.

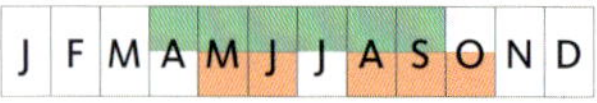

Nessel-Schnabeleule
Hypaena proboscidalis
Farbe der Vorderflügel variiert von dunklem Braun bis zu Grautönen. Die Taster bilden am Kopf einen schnabelartigen Fortsatz. Je eine gezackte und eine weiter unten sitzende, wellenförmige Linie schließen ein Querband ein. Spannweite bis 4 cm. Flugzeit: in zwei Generationen von Mai bis September in Auwäldern, Gärten, Gewässerufern. Raupe von August bis Mai des Folgejahres und von Juli bis August an Brennnessel, Hopfen und anderen.

J	F	M	A	M	J	J	A	S	O	N	D

Zackeneule
Scoliopteryx libatrix
Vorderflügel grau bis zimtbraun mit gezacktem Außenrand. Flügelansatz und Mittelteil orangebraun. Querlinien doppelt, weißlich. Spannweite bis 4,5 cm. Flugzeit: in zwei Generationen von Juni bis Juli und von August mit Überwinterung bis Juni des Folgejahres in verschiedenen Lebensräumen, überwintert in feuchten Kellern und Höhlen. Die Falter sind in der Lage, mit ihrem kräftigen Rüssel Früchte anzustechen. Raupe von Mai bis September an Weiden und Pappelarten wie Salweide und Zitterpappel.

J	F	M	A	M	J	J	A	S	O	N	D

Sicheleule

Laspeyria flexula

Vorderflügel stark gezackt, grau, an der Vorderflügelspitze dunkelbraun. Querlinien innen gelbbraun, braun gesäumt, am Vorderrand rechtwinklig gebrochen. Sieht einem Spanner ähnlich. Spannweite bis 3,5 cm. Flugzeit: in zwei bis drei Generationen Juni bis Oktober in Laubmischwäldern, Nadelwäldern und Parks. Raupe von August bis Juni des Folgejahres an Flechten und Algen an Baumrinde.

J	F	M	A	M	J	J	A	S	O	N	D

Buchen-Kahneule

Pseudoips prasinana

Vorderflügel hellgrün mit drei hellen Schräglinien und rotem Außenrand. Die Fühler sind ebenso rot gefärbt. Spannweite bis über 3,5 cm. Flugzeit: in ein bis zwei Generationen von Mai bis August in Laubwäldern, bevorzugt Buchenwald. Raupe von September bis Mai des Folgejahres an verschiedenen Laubgehölzen wie Buche, Birke, Hasel, Eiche und anderen.

J	F	M	A	M	J	J	A	S	O	N	D

Klosterfrau

Panthea coenobita

Vorderflügel sehr verschiedenartig gezeichnet, weiß mit schwarzem Querlinien und Fleckenzeichnungen. Wellenlinien auch mit brauner Füllung, am Flügelspitzenrand stark gezahnt. Spannweite bis zu 5 cm. Flugzeit: in einer Generation Mai bis August in Nadelwäldern. Raupe von August – Mitte Oktober im Kronenbereich von Nadelbäumen wie Kiefer, Fichte, Lärche oder Weißtanne.

J	F	M	A	M	J	J	A	S	O	N	D

Haseleule

Colocasia coryli

Vorderflügel bis zur Querlinie dunkelbraun, zum Außenrand hellgrau. Querlinien schwärzlich. Schwarz gerandete Ringflecken. Die Fühler des Männchens sind doppelt befiedert. Spannweite bis zu 3,5 cm. Flugzeit: in zwei Generationen März bis August in Laubwald. Raupe von Mitte Juni – Mitte November an Laubholz wie Rotbuche, Stieleiche, Haselnuss oder Hainbuche.

J	F	M	A	M	J	J	A	S	O	N	D

Forleule

Kieferneule

Panolis flammea

Der Falter ist sehr verschiedenartig gefärbt, von hell orangerot, grau bis grünlichgrau. Je zwei weiße Flecken auf der Vorderflügelseite sind in der Regel deutlich erkennbar. Spannweite bis 3,3 cm. Flugzeit: in einer Generation März bis Juni in Nadelwäldern. Raupe von Mai – Mitte Juli an Kiefer, Tanne und Fichte.

J	F	M	A	M	J	J	A	S	O	N	D

Ackerwinden-Bunteulchen

Emmelia trabealis

Die Vorderflügel sind schwarz mit gelbem Linien- und Fleckenmuster, die Hinterflügel braun. Spannweite bis 2 cm. Flugzeit: in zwei Generationen von Juli bis August in Feuchtwiesen und Niedermooren. Raupe von Juni bis Juli und August bis September an Windenarten. RL V.

J	F	M	A	M	J	J	A	S	O	N	D

Buschrasen-Grasmotteneulchen

Deltote deceptoria

Vorderflügel schwärzlich. Flügelansatz und Saumfeld bis zur Wellenlinie weiß. Feld zwischen Wellenlinie und Saum dunkel. Hinterflügel grau mit dunklem Mittelfleck und gewellter Querlinie vor dem Saum. Fransen sind schwarz und grau gestreift. Spannweite bis 2,5 cm. Flugzeit: in ein bis zwei Generationen von April bis Ende August in Wiesen mit Gräsern, an Waldrändern und Gebüsch. Raupe von Juli bis August an Lieschgräsern und anderen Gräsern.

J	F	M	A	M	J	J	A	S	O	N	D

Silbereulchen

Deltote bankiana

Vorderflügel olivbraun bis graubraun, mit zwei schräg verlaufenden, silberweißen Querlinien. Vor dem Saum eine weißliche Linie. Hinterflügel grauweiß. Spannweite bis 2,5 cm. Flugzeit: in einer Generation von Juni bis Juli in Feuchtwiesen, Au- und Bruchwäldern. Raupe von Juli bis September an Gräsern und Seggen.

J	F	M	A	M	J	J	A	S	O	N	D

Seladoneule

Moma alpium

Vorderflügel grün. Vorderrand und zwei weißlichen Längsstreifen. Querlinien und Flecken schwarz, unterbrochene Wellenlinie schwarz. Spannweite bis über 4 cm. Flugzeit: in einer Generation von Mai bis August. Raupe von Juni bis September an verschiedenen Laubgehölzen wie Eiche, Erle, Birke, Hasel und anderen.

J	F	M	A	M	J	J	A	S	O	N	D

Erlen-Rindeneule

Acronicta alni

Vorderflügel weißgrau bis hell braungrau, längs des Innenrandes und in der Mitte bis zum Vorderrand schwärzlich verdunkelt. Spannweite bis 3,8 cm. Flugzeit: eine bis zu zwei Generationen Mai bis August in Erlenbruchwäldern und Laubwäldern. Raupe von Mitte Juni – Mitte September an Erlenarten wie Schwarzerle, Bergahorn, Zitterpappel, Haselnuss, Schlehe und weiteren Gehölzarten. Nicht häufig.

J	F	M	A	M	J	J	A	S	O	N	D

Dreizack-Pfeileule

Acronicta tridens

Leicht mit drei weiteren Pfeileulenarten zu verwechseln. Vorderflügel grau mit schwarzen, gezackten Pfeilen. Spannweite bis 4,5 cm. Flugzeit: in zwei Generationen von Anfang Mai bis Anfang September an Waldrändern und auf Lichtungen von Auwäldern und Laubmischwäldern. Raupe von Juli bis September an Buchen, Eichen, Rosen, Weiden, Erlen, Birken und vielen anderen.

J	F	M	A	M	J	J	A	S	O	N	D

Ahorn-Rindeneule

Acronicta aceris

Vorderflügel aschgrau. Innere Querlinie doppelt, oft undeutlich. Äußere Querlinie doppelt, hell gefüllt. Spannweite bis 4,5 cm. Flugzeit: in ein bis zwei Generationen Mai bis September in Laubwäldern, Alleen und Feldgehölzen. Raupe von Ende Juni – Anfang Oktober an Rosskastanie, Ahorn, Stieleichen und einigen weiteren Laubhölzern.

J	F	M	A	M	J	J	A	S	O	N	D

Ampfereule

Ampfer-Rindeneule

Acronicta rumicis

Vorderflügel grau bis dunkelgrau oder braungrau. Doppelte, schwarze Querlinien. Zeichnung meist undeutlich. In der äußeren Querlinie knapp vor dem Innenrand oft ein deutlicher weißer Punkt. Spannweite bis 3,5 cm. Flugzeit: in zwei bis drei Generationen von April bis September in Offenlandbereichen. Raupen von Juni bis Oktober an verschiedensten Gehölzen und Kräutern wie Brombeere, Salweide, Löwenzahn, Spitzwegerich und anderen. Häufig.

J	F	M	A	M	J	J	A	S	O	N	D

Wiesenrauten-Goldeule

Lamprotes c-aureum

Vorderflügel dunkelbraun und violett getönt. Äußere Querlinie am Innenrand innen breit goldfarbig angelegt, Feld zwischen dunkler Querlinie und Saum vom Vorderrand bis zur Mitte ebenfalls goldfarben. Hinterflügel grau mit dunkler Mittellinie. Spannweite bis zu 3,5 cm. Flugzeit: in einer Generation von Juni bis August in Auwäldern, an schattigen und feuchten Stellen in Süddeutschland. Raupe von August bis Juni des Folgejahres an Akeleiblättriger Wiesenraute. Selten. RL 2.

J	F	M	A	M	J	J	A	S	O	N	D

Messingeule

Diachrisia (chrysitis) chrysitis

Mittelfelder der Vorderflügel braun. Äußerer Bereich und Saumfeld messingfarben. Hinterflügel braungrau. Spannweite bis zu 3,5 cm. Flugzeit: in zwei Generationen von Mai bis August in Gärten und an Waldrändern. Raupe von September bis Mai des Folgejahres und Juni bis Juli an Gefleckter Taubnessel, Großer Brennnessel und Natternkopf.

J	F	M	A	M	J	J	A	S	O	N	D

Gammaeule

Autographa gamma

Vorderflügel grau bis graubraun und violettbraun mit je einem Y-förmigen Zeichen, meist sehr fein, weiß umrandet. Hinterflügel graubraun mit breit verdunkeltem Saum. Spannweite bis 4 cm. Flugzeit: in zwei bis drei Generationen von März bis November in Gärten, auf Kulturflächen, auf Brachen. Fliegt als Wanderfalter aus Süden ein. Raupen bei uns ganzjährig, kann aber nur milde Winter überstehen, an verschiedensten Pflanzen wie Rotklee, Gemüsekohl, Kopfsalat, Brennnessel, Löwenzahn und vielen anderen. Überall sehr häufig.

J	F	M	A	M	J	J	A	S	O	N	D

Scheck-Tageule

Callistege mi

Grundfarbe der Vorderflügel grau mit brauner, weiß umrandeter Zeichnung, die an die Form einer Maske erinnert. Spannweite bis 3 cm. Flugzeit: in einer Generation von Ende April bis Anfang Juli auf Trockenrasen, Waldlichtungen, an Waldrändern und auch auf Feuchtwiesen. Raupe von Ende Juni – Mitte September unter anderem an Steinklee, Rotklee, Vogelwicke und weiteren Arten.

J	F	M	A	M	J	J	A	S	O	N	D

Braune Tageule

Euclidia glyphica

Grundfarbe der Vorderflügel graubraun mit dunkelbraunen, quer verlaufenden Binden. Die Hinterflügel zeigen eine goldgelbe Zeichnung auf dunkelbraunem Grund. Spannweite bis 3 cm. Flugzeit: in zwei Generationen von April bis Juli, auf Feuchtwiesen ebenso wie auf Trockenrasen. Raupe von Juni – Anfang Oktober an Platterbse, Hornklee, Hufeisenklee, Luzerne und anderen.

J	F	M	A	M	J	J	A	S	O	N	D

Eisenhut-Höckereule
Eisenhut-Metalleule
Euchalcia variabilis
Vorderflügel graubraun oder olivgrün mit rosa Querlinien und Flecken. Spannweite bis 3,5 cm. Flugzeit: in einer Generation von Juni bis August an schattigen Stellen, in Wäldern, an Waldrändern und in Bachtälern. Raupe von Mitte September – Anfang Juni des Folgejahres an Eisenhut. RL 3.

J	F	M	A	M	J	J	A	S	O	N	D

Schattenmönch
Cucullia umbratica
Größter Vertreter der heimischen Mönchsarten. Vorderflügel aschgrau, schmal und lang. Außenrand der Vorderflügel fast gerade. Im Mittelfeld je ein deutlicher, länglicher, ockerfarbener Fleck. Im Saumfeld schwarze, sehr dünne, weißlich gerandete Striche. Hinterflügel des Männchens weißlich mit dunklen Adern und dunkler Umrandung, die des Weibchens bräunlich, an der Basis aufgehellt. Die Art ist in der Zeichnung variabel, daher leicht zu verwechseln. Spannweite bis zu 5,7 cm. Flugzeit: in einer Generation von Mai bis August auf Wiesen, an Heckenbereichen auch in Gärten. Raupe von August bis September an verschiedenen Kräutern.

J	F	M	A	M	J	J	A	S	O	N	D

Königskerzen-Mönch
Cucullia verbasci
Vorderflügel braungrau bis rötlichgelb. Beide Vorderflügel im Mittelbereich hell und an den Saumzonen dunkel. Zwei helle Bogenpaare finden sich am Rand der Vorderflügel im unteren Bereich. Spannweite bis 5,3 cm. Flugzeit: in einer Generation von April bis Juni in warmen Trockenrasen in Hanglagen, auf warmen, sonnenbeschienenen Waldlichtungen und manchmal auch in Gärten. Raupe von Mai bis Juli an Königskerzen.

J	F	M	A	M	J	J	A	S	O	N	D

Hornkraut-Tageulchen
Panemeria tenebrata
Vorderflügel dunkelbraun mit dunkelgrauen Flecken. Hinterflügel schwarz mit breitem, gelbem Mittelband. Spannweite bis 2,5 cm. Flugzeit: in einer Generation von April bis Juni tagaktiv auf Wiesen und Brachflächen. Raupe von Mitte Mai bis Juni an Hornkraut und Sternmieren.

J	F	M	A	M	J	J	A	S	O	N	D

Schwarzes Ordensband

Mormo maura

Sehr große Art, bis zu 6,5 cm Spannweite. Vorderflügel dunkelbraun. Mittelfeld schwärzlich braun verdunkelt. Auf dem Vorderrand schwarze strichförmige Flecke. Hinterflügel mit zwei schwarzgrauen Querbändern. Flugzeit: in einer Generation von Juli bis Ende September. An Waldrändern, Gewässerufern und auf Offenland. Die Raupe lebt von August bis Mai des Folgejahres an Esche, Erle, Weide, auch an Brennnessel und anderen Pflanzen.

J	F	M	A	M	J	J	A	S	O	N	D

Achateule

Phlogophora meticulosa

Vorderflügel ockergelb bis olivbraun, rötlich getönt. Rand der Vorderflügel stark gezackt. Mittelfeld dunkler, durch die am Innenrand zusammenlaufenden Querlinien wie zwei verschachtelte Dreiecke aussehend. Spannweite bis zu 5 cm. Flugzeit: in zwei Generationen von April bis November in Wäldern und Gärten. Raupe von Juli bis Mai des Folgejahres an verschiedenen Pflanzen wie Brennnessel, Löwenzahn, Besenheide, Liguster, Salweide. Häufig.

J	F	M	A	M	J	J	A	S	O	N	D

Trapezeule

Cosmia trapezina

Vorderflügel ockergelb bis braun oder hellrot bis kupferrot. Mittelfeld trapezförmig durch zwei weiße Linien eingefasst mit je einem schwarzen Punkt. Spannweite bis über 3 cm. Flugzeit: in einer Generation von Juni bis Oktober an Gebüschen, in Wäldern, Gärten und Parkanlagen. Raupe an Sträuchern und Laubbäumen wie Schlehe, Haselnuss, Stieleiche, Hainbuche und anderen. Häufig. Die Raupe lebt von Ende April – Anfang Juni und gehört zu den sogenannten Mordraupen (s. Kapitel Raupen S. 26).

J	F	M	A	M	J	J	A	S	O	N	D

Violett-Gelbeule

Xanthia togata

Vorderflügel goldgelb bis dunkelgelb mit breiter, brauner bis braunroter Binde. Zwei große rotbraune Flecke am Vorderrand, Punkte am Flügelsaum in gleicher Farbe. Spannweite bis zu 3 cm. Flugzeit: in einer Generation von August bis Oktober in Gebüschen und an Waldrändern. Raupe von Mitte März – Mitte Mai an Weidenarten, Pappeln und Brombeere.

J	F	M	A	M	J	J	A	S	O	N	D

Satellit-Wintereule

Eupsilia transversa

Vorderflügel bräunlichgrau, rotbraun oder graubraun bis gelbrot. Dunkle, schmale Querlinien. Die Ringflecken sind weiß, gelb, rötlich oder braun gekernt mit je einem gleichfarbigen, kleinen Punkt oben und unten. Spannweite bis über 4 cm. Flugzeit: in einer Generation von September mit Überwinterung bis Mai an vielen Stellen in Gärten, Obstwiesen und Laubwäldern. Die Raupe gehört zu den sogenannten Mordraupen, die andere Raupen frisst. Ansonsten leben sie von Mai bis Juni vom Laub verschiedener Laubhölzer wie Eichen, Linden, Ahorn und anderen.

J	F	M	A	M	J	J	A	S	O	N	D

Herbst-Rauhhaareule

Sphinxeule

Brachionycha sphinx

Vorderflügel grau bis hell braungrau mit braunen Längsstrichen. Hinterflügel grauweiß. Spannweite bis zu 4,5 cm. Flugzeit: in einer Generation spät von Oktober bis in den Dezember hinein in Misch- und Auwäldern, Parks und Gärten. Raupe von Ende April – Mitte Juni an Laubhölzern wie Schlehe, Eiche, Haselnuss, Salweide und anderen.

J	F	M	A	M	J	J	A	S	O	N	D

Weißlichgelbe Grasbüscheleule

Apamea lithoxylaea

Vorderflügel dunkel rotbraun bis schwarzbraun. Querlinien sehr undeutlich. Ringflecken lang, schmal, liegend und schwarz gerandet, Zapfenflecken ähnlich. Spannweite bis 5 cm. Flugzeit: in einer Generation von Juni bis August. Raupe von September bis Mai des Folgejahres an den Wurzeln von Gräsern wie dem Wiesen-Rispengras. Das Lebensraumspektrum reicht von Trockenrasen, über Wiesen bis zu Gärten.

J	F	M	A	M	J	J	A	S	O	N	D

Heidekraut-Bunteule

Anarta myrtilli

Vorderflügel bunt, grau, graubraun, rötlich bis rot. Querlinien schwarz. In der Flügelmitte auffallender, weißer Fleck. Die gelben Hinterflügel mit breitem, schwarzem Saum. Spannweite bis 2,2 cm. Flugzeit: in zwei Generationen von April bis August auf Moorflächen oder in Sandgebieten mit Heidekraut. Raupe von Juni bis Juli und August bis September hauptsächlich an Besenheide. RL V.

J	F	M	A	M	J	J	A	S	O	N	D

Flohkrauteule

Melanchra persicariae

Vorderflügel schwarz oder braunschwarz. Charakteristischer weißer Fleck mit braunem Längsstrich in der Mitte. Spannweite bis 4 cm. Flugzeit: in einer Generation von Juni bis August. Raupe von Juli – Anfang Oktober an Schwarzem Holunder, Himbeere, Haselnuss, Großer Brennnessel und anderen Pflanzen in verschiedensten Lebensräumen in beschatteten Bereichen.

J	F	M	A	M	J	J	A	S	O	N	D

Weißpunkt-Graseule

Mythimna albipuncta

Vorderflügel rötlichbraun bis rotbraun mit zwei heller angedeuteten, schwer erkennbaren Querbändern und je einem hellen Punkt. Spannweite bis zu 3,5 cm. Flugzeit: in zwei Generationen von Mai bis Oktober sowohl auf Feuchtwiesen wie auch auf Trockenrasen. Raupe von Juli bis August und September bis Mai des Folgejahres an verschiedenen Grasarten.

J	F	M	A	M	J	J	A	S	O	N	D

Gothica-Kätzcheneule

Orthosia gothica

Vorderflügel violettgrau bis braungrau. Eine dunkelbraune Zeichnung in der Mitte der Vorderflügel sieht einem mittelalterlichen Schriftzeichen ähnlich. Spannweite bis zu 3,5 cm. Flugzeit: in einer Generation März bis Mai an Waldrändern, in Gärten, besucht im zeitigen Frühjahr nachts blühende Weidenkätzchen. Raupe von Mai bis Juni an Laubbäumen wie Stieleiche, Salweide oder an Großer Brennnessel und anderen. Häufig.

J	F	M	A	M	J	J	A	S	O	N	D

Malachiteule

Staurophora celsia

Vorderflügel mit einer schnell verblassenden, leuchtend grünen Färbung. Die Hinterflügel sind bräunlich grau. Der Falter ist unverwechselbar. Spannweite bis 4,7 cm. Flugzeit: sehr spät in einer Generation von September bis Anfang Oktober in lichten, sonnigen Kiefernwäldern, auf Trockenrasen, in Heidegebieten, auf Sandböden. Raupen von Juni bis August an Wurzeln verschiedener Gräser. Sehr selten. RL 3.

J	F	M	A	M	J	J	A	S	O	N	D

Hellrandige Erdeule

Ochropleura plecta

Vorderflügel braunrot. Vorderrand mit hellgrauem Streifen. Je zwei, weiß gerandete Ringflecken. Spannweite bis 3 cm. Flugzeit: in zwei Generationen von Mai bis September in Gärten, Parks, Wiesen und Weiden. Raupe von Juni bis Juli und August bis Oktober an verschiedenen Gräser- und Kräuterarten.

J	F	M	A	M	J	J	A	S	O	N	D

Hausmutter

Noctua pronuba

Sehr variabel gezeichnete Vorderflügel mit je ein oder zwei runden, hellen und dunklen Flecken. Hinterflügel schwarz-gelb. Spannweite bis 5,5 cm. Flugzeit: in einer Generation von Mai bis Anfang Oktober in Wäldern, Parks und Gärten. Raupe von August bis Mai des Folgejahres an verschiedensten Gehölzen und Kräutern wie Labkraut, Löwenzahn, Brennnessel, Brombeere, Weide und anderen.

J	F	M	A	M	J	J	A	S	O	N	D

Gelbe Bandeule

Noctua fimbriata

Vorderflügel sehr variabel grau mit deutlicher, bunter Zeichnung. Hinterflügel gelb mit schwarzem Saumband. Spannweite bis 5,5 cm. Flugzeit: in einer Generation von Juni bis Oktober an Waldrändern und Gebüschen, auch im Offenland. Raupe von September bis Mai des Folgejahres an Schlehe, Salweide, Löwenzahn. Häufig.

J	F	M	A	M	J	J	A	S	O	N	D

Schwarzes C

Xestia c-nigrum

Häufigster Vertreter der Eulenfalter. Grauweißer Halskragen. Vorderflügel purpurbraun bis purpurgrau. Ringmakel grauweiß, das Mittelfeld tiefschwarz c-förmig eingefasst. Am Flügelrand je ein schwarzer Fleck. Spannweite bis 3,8 cm. Flugzeit: in zwei Generationen von Mai bis Oktober. Raupe von Juni bis Juli und September bis April des Folgejahres an Kräutern. Fast überall anzutreffen, auch aus dem Süden einwandernd.

J	F	M	A	M	J	J	A	S	O	N	D

Ypsiloneule
Agrotis ipsilon
Ein schwarzer Pfeilstrich weist von den runden, schwarz umrandeten Flecken nach außen, zwei weitere schwarze Pfeilflecke von der Wellenlinie nach innen. Spannweite bis 5 cm. Flugzeit: Der Falter wandert aus Südeuropa ein und bildet bei uns eine lange Generation von April bis Oktober in Gärten und Kulturland allgemein. Raupe Mai bis September an Wurzeln und Blättern verschiedener Kräuter.

J	F	M	A	M	J	J	A	S	O	N	D

Ausrufungszeichen
Agrotis exclamationis
Vorderflügel des Männchens gelbgrau bis hellbraun, die des Weibchens braun bis schwarzbraun. Je ein zapfenförmiger tiefschwarzer Fleck, sehr auffallend. Weiße, zum Rand hin dunklere Hinterflügel. Spannweite bis 4,5 cm. Flugzeit: in ein bis zwei Generationen von Mai bis August in Gärten, Parks, auf Wiesen und Böschungen. Raupe August bis Mai des Folgejahres an Wurzeln von Gräsern und Kräutern.

J	F	M	A	M	J	J	A	S	O	N	D

Seideneulchen

Rivula sericealis

Grundfarbe der Vorderflügel hell ockerfarben, nach unten ins dunklere verlaufend mit je einem, dunklen Doppelfleck. Spannweite bis über 2 cm. Flugzeit: in zwei bis drei Generationen von Mai bis September in lichten Wäldern, Feuchtwiesen, an Böschungen und Dämmen. Raupe von August bis Mai des Folgejahres an verschiedenen Gräsern.

J	F	M	A	M	J	J	A	S	O	N	D

Blaues Ordensband

Catocala fraxini

Sehr großer Falter mit Spannweite bis 9 cm. Grundfarbe der Vorderflügel hellgrau mit dunkelgrauen und braun gesäumten Zackenbinden und hellem Fleck in der Mitte der Vorderflügel. Hinterflügel schwarz mit hellblauer Binde in Form eines Bogens. Flugzeit: in einer Generation von Mitte Juli bis Oktober in feuchten Au- und Laubwäldern, auch manchmal in Gärten und Parks. Raupe Anfang Mai bis Ende Juni an Pappelarten wie Zitterpappel. Nicht häufig. RL V.

J	F	M	A	M	J	J	A	S	O	N	D

Rotes Ordensband
Catocala nupta
Grundfarbe der Vorderflügel hellgrau, ähnlich dem Blauem Ordensband. Hinterflügel rot mit schwarzer Binde und schwarzer Saumbinde. Spannweite bis 7,5 cm Flugzeit: in einer Generation von Juli bis Oktober in feuchten Laubwäldern, Gärten und Parks. Raupe von Mai bis Juni an Weiden- und Pappelarten wie Korbweide und Zitterpappel.

J	F	M	A	M	J	J	A	S	O	N	D

Gelbes Ordensband
Catocala fulminea
Vorderflügel mit intensiver hellgrauer bis dunkelbrauner Färbung und schwarzem Zackenband. Hinterflügel gelb mit schwarzer, bogenförmiger Binde und schwarzer Saumbinde. Spannweite bis über 5 cm. Flugzeit: in einer Generation von April bis Juli in warmen Laubwäldern und gebüschreichen Arealen. Raupe von Juni bis November an Weiden- und Pappelarten wie Salweide und Zitterpappel. RL 2.

J	F	M	A	M	J	J	A	S	O	N	D

Glucken

Kleine Pappelglucke
Poecilocampa populi
Vorderflügel dunkelbraun mit zwei gelb gewellten Querlinien. Flügelsaum gezähnt. Körper stark behaart. Spannweite bis 4,5 cm. Flugzeit: in einer Generation sehr spät von Oktober bis Ende November in lichten Wäldern, Gärten und Parks. Raupe von Ende April – Mitte Juni an verschiedenen Laubhölzern wie Pappel, Eiche, Esche, Buche und anderen.

J	F	M	A	M	J	J	A	S	O	N	D

Grasglucke
Trinkerin
Euthrix potatoria
Variabel in der Grundfärbung, gelbbraun bis rotbraun mit zwei dunkleren Querlinien und zwei weißen Flecken. Spannweite bis 6,5 cm. Flugzeit: in einer Generation von Juni bis Ende August in lichten Wäldern, Schilfbereichen und Feuchtwiesen. Raupe von August – Mitte Juni folgenden Jahres an verschiedenen Gräsern und Schilfrohr.

J	F	M	A	M	J	J	A	S	O	N	D

Kleespinner

Lasiocampa trifolii

Vorderflügel rotbraun bis ocker, beim Männchen mit gelber, gewellter Querlinie und weißem, dunkler umrandeten Fleck. Spannweite bis 5,5 cm. Flugzeit: in einer Generation von Juli bis Anfang September in Trockenrasen, Klee- und Luzernefeldern. Raupe von September – Mitte Juli des folgenden Jahres an einer ganzen Reihe von Pflanzen wie Hauhechel, Esparsette, Weißklee, Besenginster und anderen.

J	F	M	A	M	J	J	A	S	O	N	D

Kiefernspinner

Dendrolimus pini

Vorderflügel hellgrau bis rotbraun variabel mit drei mehr oder weniger deutlichen dunklen, gewellten Querlinien, einem hellbraunen Band und je einem weißen Punkt. Spannweite bis 8 cm. Flugzeit: in einer Generation von Mai bis August in Kiefernwäldern und anderen Nadelwäldern. Raupe von Mitte September bis Juni des folgenden Jahres an Kieferarten und Fichte.

J	F	M	A	M	J	J	A	S	O	N	D

Eichenspinner

Lasiocampa quercus

Variable dunkel- bis rotbraune Grundfärbung mit gelber Querbinde auf Vorderflügel und Hinterflügel und je einem weißen Fleck auf dem Vorderflügel. Weibchen heller mit undeutlicherer Zeichnung. Spannweite bis 7,5 cm. Flugzeit: in einer Generation von Juni bis August in lichten Wäldern und Moorbereichen. Raupe von August – Mitte Juni folgenden Jahres an Brombeere, Schlehe, Besenginster, Heidelbeere und anderen. RL V.

J	F	M	A	M	J	J	A	S	O	N	D

Kupferglucke

Gastropacha quercifolia

Grundfärbung dunkelbraun, graubraun bis rotbraun. Vorderflügel an Rändern stark gezackt mit dunklen Wellenlinien quer zur sich bräunlich abhebenden Längsaderung. Spannweite bis 6,5 cm. Flugzeit: in einer Generation von Mitte Juni bis August in lockeren, lichten Laubwäldern, Streuobstwiesen, verbuschten Trockenrasen und Feldhecken. Raupe von August – Mitte Juni an Laubhölzern wie Schlehe, Apfelbaum, Birne, Weißdorn und anderen. RL 3.

J	F	M	A	M	J	J	A	S	O	N	D

Brombeerspinner
Macrothylacia rubi
Vorderflügel beim Männchen gelbbraun, graubraun oder rotbraun mit zwei gelben Querlinien, Hinterflügel ohne Zeichnung. Spannweite bis 6,5 cm. Flugzeit: in einer Generation von Mai bis Mitte Juli auf Trockenrasen, Wiesen in Waldlichtungen und an Dämmen. Die Raupe ernährt sich von einer Vielfalt von Pflanzen und Sträuchern wie Schlehe, Himbeere, Wiesenknopf, Wegerich, Sonnenröschen und anderen, Mitte Juni – Mitte Mai des folgenden Jahres.

J	F	M	A	M	J	J	A	S	O	N	D

Ringelspinner
Malacosoma neustria
Die variable Färbung reicht von hellgelbbraun, rotbraun bis dunkelbraun, mit einem dunkleren, mittigen Querband, von hellen oder dunklen Linien begrenzt. Spannweite bis 4 cm. Flugzeit: in einer Generation von Juni bis August in lichten Wäldern, Hecken, Gebüschen und Streuobstwiesen. Raupe von Mitte April – Mitte Juli an einer Vielfalt von Pflanzen, von Schlehe über Weißdorn, Hainbuche, Eiche, Birne bis zum Apfelbaum und anderen.

J	F	M	A	M	J	J	A	S	O	N	D

Zahnspinner

J	F	M	A	M	J	J	A	S	O	N	D

Kleiner Raufußspinner
Clostera pigra
Vorderflügeloberseite hell bräunlich-grau, auf der Rückenseite der Brust und am Außenrand der Flügel bräunlich-rot. Die Vorderflügel zeigen einige weiße Querbinden. Am Hinterleibsende ragt ein schwanzartiger, behaarter Fortsatz zwischen den Flügelenden hervor. Spannweite bis 3,5 cm. Flugzeit: in zwei Generationen von April bis August in verschiedenen Lebensräumen wie Waldlichtungen und -rändern, Hecken, Parks und Gärten. Raupe von Juni bis Juli und September bis Oktober an Pappel, Weide und Espe.

J	F	M	A	M	J	J	A	S	O	N	D

Pappel-Zahnspinner
Pheosia tremula
Grundfarbe der Vorderflügel weißlich-grau, am Vorderrand der Flügel zwei schwarze, keilförmige Flecken, entlang der Flügelhinterränder ein langes dunkles Band. Drei weiße Keile weisen vom Hinterrand der Flügel nach vorne. Im Unterschied zum **Pappel-Zahnspinner** hat der **Birken-Zahnspinner** *Pheosia gnoma* (Foto unten) nur einen weißlichen Keilfleck im dunklen Streifen entlang des Hinterrands der Vorderflügel. Spannweite bis 5,5 cm. Flugzeit: in zwei Generationen von April bis Juli in lichten Wäldern, an Waldrändern und in Parks. Raupe von Juni bis Juli und September bis Oktober an Pappel und Weide.

Kamelspinner
Ptilodon capucina
Eine Erhebung aus Behaarung hinter dem Kopf, die an einen Kamelhöcker erinnert und oben hellgelb gefärbt ist, gibt den Namen. Flügel gelb- bis rotbraun mit zwei dunklen, gezackten Querlinien. Ein weiterer schwarzer Zacken aus Haaren an den Vorderflügeln. Spannweite bis 4,5 cm. Flugzeit: in zwei Generationen April bis Ende August an Laubwaldrändern, in Parkanlagen und Gärten. Raupe von Juni bis Oktober an verschiedenen Laubgehölzen wie Rotbuche, Hängebirke, Stieleiche, Zitterpappel, Haselnuss, Salweide und anderen.

J	F	M	A	M	J	J	A	S	O	N	D

Ahornspinner
Ptilodon cucullina
Ähnelt dem Kamelspinner mit zwei weißlich, hellgrauen Flecken an der Vorderflügelaußenseite. Spannweite bis 4 cm. Flugzeit: in ein bis zwei Generationen von Mai bis Ende August in Laubmischwäldern, Feldgehölzen, Parks und Gärten. Raupe von Juli – Mitte September an Ahornen wie Feldahorn oder Bergahorn.

J	F	M	A	M	J	J	A	S	O	N	D

Zickzackspinner

Notodonta zickzack

Von hellgrau am Vorderflügelvorderrand in hellbraun übergehend. Ein dunkelbrauner Bogenfleck in der Mitte begrenzt ein dunkelgraues Feld. Spannweite bis ca. 5 cm. Flugzeit: in zwei Generationen von Mitte April bis September in Wäldern in der Gebüschzone, an Lichtungen und Waldwegen. Raupe von Juni bis Juli und August bis September an Zitterpappel, Salweide, Haselnuss und weiteren Laubgehölzen.

J	F	M	A	M	J	J	A	S	O	N	D

Mondvogel

Mondfleck

Phalera bucephala

Der Falter hat eine ungewöhnliche Körperform, vorne ähnelt er einem abgebrochenen Ast. Die Grundfärbung ist silbrig grau mit dunkelrotbraunen, wellenförmigen Querlinien und einem großen, runden, gelben Fleck am Außenrand der Vorderflügel. Spannweite bis 6,5 cm. Flugzeit: in einer Generation von Mai bis August in Laubwäldern, Gebüschen, Gärten und Parkanlagen. Raupe von Juli bis September an vielen verschiedenen Laubgehölzen wie Hängebirke, Salweide, Winterlinde, Rotbuche, Zitterpappel und anderen.

J	F	M	A	M	J	J	A	S	O	N	D

Palpenspinner

Pterostoma palpina

Kiefertaster sehr lang, vorgestreckt und stark behaart. Grundfarbe gelblich braun mit mehr oder weniger sichtbaren, schmalen, dunklen Linien und Zickzackbändern. Ein behaarter Zacken sitzt am oberen Rand der Vorderflügel. Spannweite bis über 5 cm. Flugzeit: in zwei Generationen von April bis August in lichten Wäldern, an Waldrändern, in Kiesgruben, und Gärten. Raupe von Juni bis Juli und August bis September an Pappeln und Weiden.

J	F	M	A	M	J	J	A	S	O	N	D

Dromedarspinner

Notodonta dromedarius

Vorderflügel graubraun mit dunkleren, gewellten Querbinden und rötlichbrauner bis gelber Fleckenzeichnung. Spannweite bis 4,5 cm. Flugzeit: in zwei Generationen von April bis Ende August an Waldrändern, in Heiden und Mooren. Raupe von Juni bis Juli und August bis September an Hängebirke, Schwarzerle, Pappel und Weide.

J	F	M	A	M	J	J	A	S	O	N	D

Buchenspinner

Stauropus fagi

Vorderflügel graubraun mit durch hellere Wellenlinien abgesetztem dunklerem Band und dunklen Flecken zum Flügelaußenrand zwischen den Längsadern. Spannweite bis 6,5 cm. Flugzeit: in ein bis zwei Generationen von April bis Ende August in Mischwäldern, auch Gärten und Parks. Raupe von Juni bis September an verschiedensten Laubgehölzen wie Rotbuche, Stieleiche, Hängebirke, Haselnuss und anderen.

J	F	M	A	M	J	J	A	S	O	N	D

Großer Gabelschwanz

Cerura vinula

Grundfarbe hellgrau mit schwarzen Bogen- und Wellenlinien und hellbrauner Färbung der Längsaderung. Hinterflügel ohne Fleck im Innenwinkel, oft mit dunklen Saumflecken. Spannweite bis 7,5 cm. Flugzeit: in einer Generation von April bis Ende Juli an Waldrändern, auf Waldlichtungen, in Auen mit Weidenbestand und in Kiesgruben. Raupe von Juni bis September an Pappeln und Weiden.

J	F	M	A	M	J	J	A	S	O	N	D

Schneckenspinner

Großer Schneckenspinner

Apoda limacodes

Spannweite bis 3 cm. Flügel beim Männchen in hellerem bis dunklerem braun, beim Weibchen gelbbraun mit zwei dunklen Querstreifen. Flugzeit: in einer Generation von Mitte Mai bis Mitte August in Eichenmischwäldern und Eichenbeständen. Raupe von Juli bis September an Eichenarten, Rotbuche, Hainbuche. Die Raupen bewegen sich auf einer Schleimspur wie Schnecken, wovon sich der Name ableitet.

J	F	M	A	M	J	J	A	S	O	N	D

Kleiner Schneckenspinner

Heterogenea asella

Mit bis zu 2 cm Spannweite sehr viel kleiner als Große Schneckenspinner. Flügelfärbung hellbraun. Flugzeit: in einer Generation von Ende Mai bis August in lichten Wäldern, an Waldrändern und in Lichtungen. Die Raupe frisst von August bis September an verschiedenen Laubhölzern wie Hasel, Walnuss, Buche, Birke, Ulme und anderen Laubbaumarten.

J	F	M	A	M	J	J	A	S	O	N	D

Prozessionsspinner

Eichenprozessionsspinner
Thaumetopoea processionea
Vorderflügel hellgrau bis braungrau mit zwei schmalen, dunklen Querstreifen. Hinterflügel gelblichweiß, dunkel gefranst. Fühler doppelt gekämmt und beim Männchen größer. Spannweite bis zu 3,5 cm. Flugzeit: in einer Generation von Juli bis Anfang September überall, wo Eichenbestände und auch nur Einzelbäume vorhanden sind. Raupe von Ende April bis Juni an Eichenlaub. Der Falter neigt zur Massenvermehrung und kann bei Hautkontakt mit den Brennhaaren der Raupe zu massiven, allergischen Reaktionen, Hautausschlägen und Schleimhautreizungen führen. Die Haare lösen sich und können sich in der Luft verteilen, was zusätzlich zu Problemen beim Einatmen führen kann. Eine Bekämpfung ist nur sinnvoll, wo eine Gefahr für Menschen durch den Kontakt entstehen kann, beispielsweise im Siedlungsbereich.

J	F	M	A	M	J	J	A	S	O	N	D

Kiefernprozessionsspinner
Thaumetopoea pinivora
Vorderflügel weißlichgrau mit schmalen, dunklen Querbinden und je einem dunklen Fleck in der Flügelmitte. Spannweite bis zu 4,5 cm. Flugzeit: in einer Generation von Juli bis August in trockenen Kiefernwäldern. Raupe von Ende April bis Juli, bevorzugt an Kiefernarten. In Deutschland nur im Nordosten.

J	F	M	A	M	J	J	A	S	O	N	D

Pfauenspinner

Nagelfleck

Aglia tau

Falter ockergelb bis braun mit einer dunklen Binde am Flügelsaum und einem blauen, schwarz umrandeten Augenfleck, der in der Mitte einen weißen, einem Nagel ähnelnden Fleck trägt. Spannweite bis 8,5 cm. Flugzeit: in einer Generation von Ende März bis Anfang Juni, in Buchenwäldern und anderen Laubwäldern mit Buchenanteilen. Raupe von Ende Mai bis August hauptsächlich an Buche, vereinzelt auch an Eiche und Weide und andere Laubgehölze.

J	F	M	A	M	J	J	A	S	O	N	D

Kleines Nachtpfauenauge

Saturnia pavonia

Vorderflügelgrundfarbe beim Männchen graubraun bis rotbraun mit weißen Flecken auf Vorder- und Hinterflügel, von denen je 1 Augenfleck umschlossen wird. Eine bis zwei helle, dunkel gesäumte Linien ziehen sich quer über Vorder- und Hinterflügel. Geschlechtsdimorphismus, Männchen kleiner als Weibchen, mit gelben Hinterflügeln. Flügelspannweite bis 8,5 cm. Flugzeit: in einer Generation von Mitte März bis Mitte Mai auf Trockenrasen, in Heiden und lichten Wäldern. Raupe von Mai bis August an verschiedenen Pflanzen wie Schlehe, Weide, Heidelbeere, Mädesüß, Besenheide und anderen.

J	F	M	A	M	J	J	A	S	O	N	D

Birkenspinner

Birkenspinner
Endromis versicolora
Flügelgrundfarbe braun mit einem Mosaik aus weißen und dunklen Strichen und Querlinien. Spannweite bis zu 6 cm. Flugzeit: in einer Generation von März bis Anfang Mai in Wäldern mit Birkenanteil, an Rändern von Mooren und in Heiden mit Birkenaufwuchs. Raupe von Mai bis Juli hauptsächlich an Birken und einigen weiteren Laubgehölze wie Erle oder Hasel. RL V.

J	F	M	A	M	J	J	A	S	O	N	D

Blaukopf-Eulenspinner

Blaukopf
Diloba caeruleocephala
Zwei große, grünlichgraue Flecken sind mehr oder weniger verbunden und von zwei dunklen Linien quer über die Vorderflügel eingeschlossen. Spannweite bis 4 cm. Flugzeit: in einer Generation von September bis Anfang November an Waldrändern, Feldgehölzen, Streuobstwiesen und Gebüschen. Raupe von Mai bis Juni an Schlehe, Apfelbaum, Weißdorn und anderen Laubhölzern.

J	F	M	A	M	J	J	A	S	O	N	D

Wurzelbohrer

Hopfenwurzelbohrer

Hepialus humuli

Männchen und Weibchen sehr unterschiedlich. Grundfarbe beim Männchen weiß, beim Weibchen gelbbraun mit rötlich braunen, geschwungenen Bändern. Spannweite bis zu 7 cm. Flugzeit: in einer Generation von Mai bis August auf Wiesen in Flussauen, Waldlichtungen, Parks und Gärten. Raupe von August bis April des Folgejahres an Wurzeln von Löwenzahn, Ampfer, Hopfen, Huflattich und anderen.

J	F	M	A	M	J	J	A	S	O	N	D

Ampferwurzelbohrer

Triodia sylvina

Grundfarbe der Vorderflügel beim Männchen gelbbraun, beim Weibchen graubraun mit weißen, V-förmig verlaufenden Linien. Spannweite bis zu 4,5 cm. Flugzeit: in einer Generation von Ende Juli bis Anfang August in Wiesen sowie Bereichen zwischen Hecken und Gebüschen. Die Raupen bohren sich in die Wurzeln von Wegerich, Ampfer, Wilde Möhre und andere Pflanzen, von September bis Juni des Folgejahres.

J	F	M	A	M	J	J	A	S	O	N	D

Trägspinner

Buchen-Streckfuß

Elkneria pudibunda

Vorderflügel grau mit zwei dunklen Querlinien. Der Falter streckt seine pelzigen Vorderbeine nach vorne, daher der Name. Spannweite bis zu 6,5 cm. Flugzeit: in einer Generation von April bis Ende Juli in Laubmischwäldern, Hecken, Parks und Gärten mit Buchenanteil. Raupe von Juli bis Oktober an einer ganzen Reihe von Laubhölzern wie Weide, Buche, Eiche, Hasel und anderen Bäumen und Sträuchern.

J	F	M	A	M	J	J	A	S	O	N	D

Schlehen-Bürstenspinner

Gynaephora antiqua

Geschlechter stark unterschiedlich. Männchen mit rostbrauner Grundfärbung und je einem weißen Fleck auf den Vorderflügeln. Weibchen mit übergroßem, sackförmigem Körper ohne Flügel (s. S. 12). Spannweite bis zu 3 cm. Flugzeit: in zwei Generationen von Ende Mai bis Oktober auf Waldlichtungen, an Wald- und Heckenrändern und auch in Gärten. Raupe von Mai und Juli bis August an vielen verschiedenen Laubhölzern wie Schlehe, Brombeere, Weißdorn, Weide und weiteren Arten.

J	F	M	A	M	J	J	A	S	O	N	D

Schwan

Euproctis similis

Grundfarbe glänzend weiß mit borstenartiger Behaarung und oft je zwei schwarzen Flecken. Spannweite bis zu 3,5 cm. Flugzeit: in einer Generation von Juni bis August in lichten Laubwäldern, Auwäldern und auch Gärten. Raupe von September bis Mai des Folgejahres an Laubhölzern wie Weide, Eiche, Schlehe, Apfel und anderen Bäumen und Sträuchern.

J	F	M	A	M	J	J	A	S	O	N	D

Nonnenfalter

Lymantria monacha

Vorderflügel weiß mit charakteristischen Wellen und Zackenlinien. Manchmal treten auch Falter mit dunklen Flächen oder fast schwarze Exemplare auf. Spannweite bis zu 5,5 cm. Flugzeit: in einer Generation von Mai bis August in Nadelwäldern und Laubmischwäldern. Raupe von April bis Juni bevorzugt an Nadelhölzern wie Fichte, Kiefer und Tanne, aber auch an einigen Laubbäumen wie Buche, Eiche, Pappel und anderen.

J	F	M	A	M	J	J	A	S	O	N	D

J	F	M	A	M	J	J	A	S	O	N	D

Schwammspinner
Lymantria dispar
Geschlechter verschieden. Männchen bräunlich mit quer verlaufenden Wellenlinien, schwarzen Flecken und großen gefiederten Fühlern. Weibchen größer, mit weißen bis gelblichweißen Flügeln. Spannweite bis zu 6 cm. Flugzeit: in ein bis zwei Generationen von Mai bis August in lichten Laubwäldern mit Eichenanteil. Raupe von Mai – Anfang Juli an Laubgehölzen wie Eiche, Weide, Pappel, Weißdorn und anderen Bäumen und Sträuchern. Die Falter neigen in wärmeren Sommern zur Massenvermehrung, werden jedoch in der nächsten Generation durch Parasiten meist schnell wieder eingedämmt. Eine Bekämpfung ist oft nicht nötig und auch sehr umstritten, da durch den Einsatz von Häutungshemmern wie Dimilin oft auch andere, seltene Schmetterlingsarten massiv geschädigt oder ganz vernichtet werden können.

Widderchen

Sonnenröschen-Grünwidderchen

Adscita geryon

Vorderflügel metallisch glänzend grün. Hinterflügel schwarz. Spannweite bis zu 2 cm. Flugzeit: in einer Generation von Juni bis Anfang August in warmen Trockenrasen. Raupe von August bis Juni des Folgejahres hauptsächlich an Gemeinem Sonnenröschen. RL 3.

Die Grünwidderchen sind nur sehr schwer voneinander zu unterscheiden. Das Bild zeigt ein Ampfer-Grünwidderchen.

J	F	M	A	M	J	J	A	S	O	N	D

Esparsetten-Widderchen

Zygaena carniolica

Vorderflügel schwarz mit sechs weißlich-gelb umrandeten, roten Flecken. Hinterflügel rot mit schwarzem Saum. Spannweite bis über 3 cm. Flugzeit: in einer Generation von Mitte Mai bis August auf trocken-warmen Magerrasen. Raupe von August bis Juni des Folgejahres an Schmetterlingsblütlern wie Esparsette oder Hornklee. Wie alle schwarz-rot gefärbten Widderchen hat ihre Warnfärbung einen praktischen Hintergrund. Sie soll Fressfeinde abschrecken, indem sie daran erinnert, dass die Körperflüssigkeit der Falter Blausäureanteile enthält. In den letzten Jahren an vielen Stellen verschwunden. RL 3.

J	F	M	A	M	J	J	A	S	O	N	D

Bergkronwicken-Widderchen
Zygaena fausta
Schönstes und farbenprächtigstes, heimisches Widderchen. Vorderflügel mit rotem, gelb umrandetem Fleckenmuster auf schwarz, am Hinterleib breiter, roter Ring. Ein roter Ring am Hals. Spannweite bis 2,5 cm. Flugzeit: in einer Generation von Juli bis August auf warmen, trockenen Bereichen an Waldrändern. Raupe August bis Juni des Folgejahres an Bergkronenwicke. In Deutschland nur an wenigen Stellen im Süden, sehr selten. RL 2.

J	F	M	A	M	J	J	A	S	O	N	D

Thymian-Widderchen
Zygaena purpuralis
Drei rote, langgezogene Flecken auf schwarzem, grünlich schimmerndem Grund. Der mittlere in Form eines Beiles erweitert. Das Widderchen ist nur durch Genitaluntersuchung sicher vom verwechselbaren Bibernellwidderchen *Zygaena minos* zu unterscheiden. Spannweite bis 3,5 cm. Flugzeit: in einer Generation von Mai bis Anfang August auf Trockenrasen auf Kalkböden. Raupe von September bis Juni des Folgejahres an verschiedenen Thymianarten. RL 2.

J	F	M	A	M	J	J	A	S	O	N	D

Platterbsenwidderchen
Zygaena osterodensis
Drei rote, lang gezogene Streifen auf schwarzem Grund auf den Vorderflügeln, ähnlich dem Thymian-Widderchen, aber wesentlich schmäler. Der mittlere Streifen ist ohne beilförmige Ausbildung, eher keulenförmig. Hinterflügel rot mit schwarzem Saum. Spannweite bis 3,5 cm. Flugzeit: in einer Generation von Juni bis Juli. Raupe lebt 2–5 Jahre ab August bis Juni an Platterbsen und Wickenarten. Eine Ausnahme unter den Widderchenarten lebt das Platterbsenwidderchen als einziges in lichten, warmen Laubwäldern, an Waldrändern und -wegen. RL 2.

J	F	M	A	M	J	J	A	S	O	N	D

Veränderliches Widderchen
Zygaena ephialtes
Wie der Name schon andeutet, sehr variabel mit meist sechs roten, manchmal auch gelben Flecken mit einem roten oder gelben Ring am Hinterleib. Spannweite bis 4 cm. Flugzeit: in einer Generation von Mitte Juni bis August auf Trockenrasen, an Dämmen und Böschungen. Raupe von September bis Juni des Folgejahres an Bunter Kronwicke. RL 3.

J	F	M	A	M	J	J	A	S	O	N	D

Sechsfleck-Widderchen

Zygaena filipendulae

Vorderflügel mit sechs roten Flecken, die mehr oder weniger dicht zusammen liegen können. Spannweite bis fast 4 cm. Flugzeit: in einer Generation von Mai bis Anfang September. Raupe von September bis Juni des Folgejahres an Hornklee. Diese häufigste Art der Gattung hat keine hohen Ansprüche an ihren Lebensraum und kann überall auf Wiesen, Brachflächen in Parks und Gärten vorkommen.

J	F	M	A	M	J	J	A	S	O	N	D

Holzbohrer

Blausieb
Zeuzera pyrina
Grundfarbe weiß. Auf den Vorderflügeln zwischen der Flügeladerung regelmäßig angeordnete, schwarze, bläulich schimmernde Flecken. Schwarze Beine. Spannweite bis 6 cm. Flugzeit: in einer Generation von Juni bis Anfang September an Waldrändern, in Streuobstwiesen sowie Obstplantagen und Gärten. Die Raupe bohrt sich ins Holz einer Reihe von Laubgehölzen wie Buche, Apfel, Esche und anderen Baumarten und verpuppt nach zweijähriger Entwicklung im Juni.

J	F	M	A	M	J	J	A	S	O	N	D

Weidenbohrer
Cossus cossus
Grundfarbe der Vorderflügel hellgrau. Spannweite bis 8 cm. Flugzeit: in einer Generation von Juni bis September in Auwäldern, an Gewässerrändern und auch in Gärten mit Weidenbestand. Die Eier werden bevorzugt an der Rinde von Weidenarten abgelegt, von wo sich die Raupe durch die Rinde ins Holzinnere bohrt. Im Laufe ihrer mehrjährigen Entwicklung von bis zu vier Jahren wachsen die Raupen bis auf Fingerdicke und erzeugen 2 cm breite Bohrlöcher. Die Weide stirbt dabei meistens ab. Ein essigähnlicher Geruch am Baum, der von den Raupen ausgeht, verrät ihre Anwesenheit. Die Raupen verlassen in der Regel kurz vor der Verpuppung ab Mai den Baum und suchen sich einen geeigneten Platz.

J	F	M	A	M	J	J	A	S	O	N	D

Glasflügler

J	F	M	A	M	J	J	A	S	O	N	D

Zypressenwolfsmilch-Glasflügler
Chamaesphecia empiformis
Breite schwarz gesäumte, durchsichtige Vorder- und Hinterflügel. Hinterleib mit gelben Ringbinden, am Hinterleibsende auffällige, große, fächerartige Fortsätze. Spannweite bis über 2 cm. Flugzeit: in einer Generation von Ende Mai bis August auf Trockenrasen, Waldlichtungen, Dämmen und Ruderalflächen mit Vorkommen der Zypressenwolfsmilch. Raupe von September bis Mai des Folgejahres ausschließlich an Zypressenwolfsmilch. Sie ist monophag und damit auf diese Pflanzenart angewiesen.

Hornissen-Glasflügler
Sesia apiformis
Größe des Falters und kaum beschuppte, durchsichtige Flügel (Glasflügler) erinnern an das Aussehen einer Hornisse. Auch im Verhalten ahmt der Glasflügler Hornissen nach. Der Falter ist neben dem ähnlichen Großen Weidenglasflügler *Sesia bembeciformis* ein auffälliges Beispiel für Mimikry. Die Nachahmung eines wehrhaften Insekts schützt ihn vor Feinden. Spannweite bis 4,5 cm. Flugzeit: in einer Generation von Anfang Juni bis Ende Juli in Auwäldern, an Gewässerufern mit Pappelbeständen. Raupe von August zweimal überwinternd bis Mai im Holz von Pappelarten wie Schwarz- und Zitterpappel, manchmal auch Weiden.

J	F	M	A	M	J	J	A	S	O	N	D

Zünsler

Brennnesselzünsler
Eurrhypara hortulata
Grundfärbung der Flügel weiß. Ein dunkles Fleckenmuster, das sich am Flügelrand zu einer Fleckenreihe verdichtet, überzieht Vorder- und Hinterflügel. Körper hinter dem Kopf, am Rücken und am Hinterleibsende gelb. Spannweite bis zu 3 cm. Flugzeit: in einer Generation von Mai bis August. Raupe August bis April des Folgejahres an Brennnessel, Minze, Ziest, Johannisbeere und anderen, hält sich in eingerollten Blättern auf. Der Falter stellt wenig Ansprüche an den Lebensraum und kann überall vorkommen, wo die Futterpflanzen vorhanden sind.

J	F	M	A	M	J	J	A	S	O	N	D

Fichtenzapfenzünsler
Diorictria abietella
Vorderflügel hellgrau mit dunkler Bestäubung und zwei schwarzen, weiß gesäumten Zackenbändern. Spannweite bis 2,5 cm. Flugzeit: in einer Generation von Juni bis September in Nadelwäldern. Die Raupe nutzt von Juli bis April des Folgejahres die Zapfen von Nadelbäumen als Futter.

J	F	M	A	M	J	J	A	S	O	N	D

Fruchtzünsler
Oncocera semirubella
Vorderflügel gelbbraun mit einem breiten, rosaroten Saum. Spannweite bis zu 2,8 cm. Flugzeit: in einer Generation von Juni bis August auf Wiesen, Dämmen, Böschungen und an trockenen, warmen Waldrändern. Raupen August bis Juni des Folgejahres an Kleearten, Hornklee und Hauhechel.

J	F	M	A	M	J	J	A	S	O	N	D

Goldzünsler
Purpurzünsler
Pyrausta aurata
Vorderflügel purpurrot mit goldgelben Flecken. Hinterflügel schwarz mit gelber Binde. Spannweite bis 1,8 cm. Flugzeit: in zwei Generationen von Mai bis August auf Wiesen und Brachflächen. Raupe von Juni bis Juli und September bis April des Folgejahres an Pflanzen wie Taubnessel oder Wiesensalbei, rollt zu ihrem Schutz die Blätter zusammen und verspinnt sie.

J	F	M	A	M	J	J	A	S	O	N	D

Mehlzünsler
Paralis farinalis
Vorderflügel mit rötlichen, dunkelbraunen und hellbraunen Flecken, die durch schmale, weiße Querbänder getrennt sind. Spannweite bis 3 cm. Flugzeit: normalerweise in der freien Natur in einer Generation von Juni bis September, in Gebäuden mehrere Generationen im Jahr möglich. Die Raupe nutzt von September bis Mai des Folgejahres Pflanzensamen von Getreide und Gräsern. Kann im Haus als Vorratsschädling auftreten, z.B. an Mehl und bildet dann oft bis zu vier Raupengenerationen über das ganze Jahr verteilt aus. Die Falter finden sich häufig in Gebäuden.

J	F	M	A	M	J	J	A	S	O	N	D

Nesselzünsler
Pleuroptya ruralis
Vorderflügel glänzend beige mit dunklen, verwaschen erscheinenden Wellenlinien. Spannweite bis zu 4 cm. Flugzeit: in einer Generation von Juni bis August in Auwäldern, Ufergehölzen an Gewässern, Parks und Gärten. Raupe von August bis Juni des Folgejahres an Brennnessel oder Hopfen, deren Blätter sie sich zu einer Röhre zusammen spinnt.

J	F	M	A	M	J	J	A	S	O	N	D

Laichkraut-Zünsler
Seerosenzünsler
Elophila nymphaeata
Der Falter hat in der Ruhestellung die Form eines Dreiecks. Flügel weiß mit goldbraunen Bändern und Ringmustern. Hinterflügel mit dunkler, schmaler Bänderung. Spannweite bis zu 3 cm. Flugzeit: in einer Generation von Juni bis August an stehenden Gewässern, Teichen und Tümpeln. Raupe von Oktober bis April des Folgejahres an Blättern von Schwimmblattpflanzen wie schwimmendes Laichkraut, Seerose, Wasserlinse und anderen.

J	F	M	A	M	J	J	A	S	O	N	D

Wasserlinsenzünsler
Cataclysta lemnata
Vorderflügel beim Männchen weiß, beim Weibchen hellbraun. Hinterflügelrand mit schwarzem Band mit weißen Punkten darin. Flugzeit: in einer Generation von Juni bis September am Ufer dichtbewachsener Teiche und Tümpel. Raupe von August bis Mai des Folgejahres hauptsächlich an Wasserlinse, auch Froschbiss und anderen Schwimmblattpflanzen.

J	F	M	A	M	J	J	A	S	O	N	D

Zünslerart

Catoptria pinella

Flügel rotbraun mit einem weißen Keil, der einmal durch einen Steg unterbrochen ist. Spannweite über 2 cm. Flugzeit: in einer Generation von Juni bis September in lichten Kiefernwäldern, auf Trockenrasen und Heiden. Raupe von Mitte August bis Juni des Folgejahres an verschiedenen Grasarten.

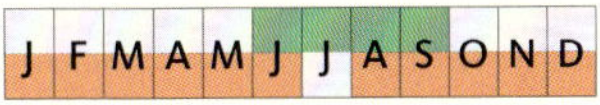

Dörrobstmotte

Plodia interpunctella

Vorderflügel rotbraun, durch einen sehr breiten, gelbbraunen Streifen getrennt. Hinterflügel grau- bis gelbbraun. Spannweite bis zu 2 cm. Die Raupe ist ein Vorratsschädling an Sämereien, Müsli, Mehl, Gewürzen und Schokolade und kann daher im Haus das ganze Jahr über mehrere Generationen ausbilden. Im Freiland findet man nur eine Generation, die keine bestimmten Lebensraumansprüche hat und von Fallobst, Grassamen, trockenen Pflanzenteilen und vielen anderen Nahrungsquellen leben kann. Die Raupen leben in beheizten Räumen das ganze Jahr über, bilden ein Gespinst auf den Nahrungsmitteln und verderben diese. Durch Aufbewahrung der Vorräte in festen, geschlossenen Behältnissen lässt sich Befall vermeiden.

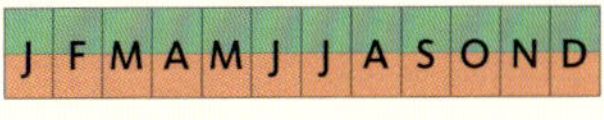

Wickler

Apfelwickler

Cydia pomonella

Der Apfelwickler ist gut an die Rinde von Apfelbäumen angepasst. Vorderflügel mit augenartiger Zeichnung am Flügelhinterrand. Spannweite bis 2,2 cm. Flugzeit: in ein bis zwei Generationen von Mai bis August in Streuobstwiesen, Apfelbaumplantagen, Parks und Gärten. Die Raupe frisst in heranreifenden Äpfeln von Juni bis Oktober.

J	F	M	A	M	J	J	A	S	O	N	D

Eichenwickler

Tortrix viridana

Vorderflügel hellgrün, Hinterflügel grau. Spannweite bis 2,2 cm. Flugzeit: in einer Generation von Juni bis August in Eichenwäldern und Parks mit Eichen. Raupe von April bis Juni an alten Eichen, neigt zu Massenvermehrung und kann dann die Eichen kahl fressen.

J	F	M	A	M	J	J	A	S	O	N	D

Pracht-Wickler
Olethreutes arcuella
Sehr schön gefärbt und gezeichnet. Orangegelbe Grundfärbung mit grauen Linien und Flecken. Spannweite bis 2 cm. Flugzeit: in einer Generation von Mai bis August. Der Falter sitzt gerne auf Blättern im Sonnenlicht, an geschützten Stellen von Waldrändern, Waldlichtungen, Gebüsch und Feldgehölzen. Die Raupe nutzt welke Blätter und verrottendes Laub von Laubgehölzen von August bis Mai des Folgejahres.

J	F	M	A	M	J	J	A	S	O	N	D

Rostfarbener Buchen-Breitflügelwickler
Pandemis heparana
Vorderflügel dunkelbraun, durch hellere, breite Querbänder unterbrochen. Das mittlere Querband ist bei dieser Art noch zusätzlich ausgebuchtet. Spannweite bis 2,4 cm. Flugzeit: In einer Generation von Juni bis August. Die Raupe nutzt von Juli bis Juni des Folgejahres die Blätter einer Reihe von Laubgehölzen, wie Weide, Apfel, Kirsche, Birke, Heidelbeere, Johannisbeere, in die sie sich zum Schutz einrollt.

J	F	M	A	M	J	J	A	S	O	N	D

Ahornwickler

Acleris forsskaleana

Vorderflügel gelb mit rotbraunem Gittermuster überzogen. Spannweite bis zu 1,8 cm. Flugzeit: in einer Generation von Juni bis August in Wäldern, Feldgehölzen, Parks und Gärten mit Ahornanteilen. Raupe von August bis Juni des Folgejahres an den Blättern von Ahornarten, wo sie sich einrollt.

J	F	M	A	M	J	J	A	S	O	N	D

Wickler

Ancylis mitterbacheriana

Für den Falter charakteristisch sind der dreieckige, dunkelbraune Fleck auf Hinterkopf und Vorderflügel und die hellen und dunklen Streifen am Flügelaußenrand. Spannweite bis 1,6 cm. Flugzeit: in einer Generation von Mai bis Juni in Eichen und Buchenwäldern. Die Raupe nutzt von Juli bis Mai des Folgejahres die Blätter von Eiche und Buche und spinnt sich das Blatt zu einer Hülle zusammen, in der sie geschützt fressen kann.

J	F	M	A	M	J	J	A	S	O	N	D

Wickler
Cnephasia incertana
Vorderflügel graubraun mit braunen, schwarz eingefassten Bändern. Spannweite bis 1,8 cm. Flugzeit: in einer Generation von Juni bis Juli an Waldrändern, Hecken, auf Brachflächen. Raupe von September bis Juni des Folgejahres an verschiedenen Pflanzen wie Wegerich, Wucherblumen, Ampfer, Erdbeere, Erbse und fast 200 weitere.

J	F	M	A	M	J	J	A	S	O	N	D

Bärenschotenwickler
Grapholita gemmiferana
Vorderflügel graubraun, zum Hinterrand gelbbraun mit silbergrauen Bändern und davon eingeschlossenen, kleinen schwarzen Punkten. Spannweite bis 1,4 cm. Flugzeit: in einer Generation von April bis Juli auf Halbtrockenrasen. Raupe von Juni bis September an Platterbse.

J	F	M	A	M	J	J	A	S	O	N	D

Wickler
Grapholita coronillana
Vorderflügel dunkelgraubraun mit charakteristischen weißen Streifen an den Flügelrändern und zwei weißen Streifen quer über die Flügelinnenränder. Spannweite bis zu 1 cm. Flugzeit: in einer Generation Mai bis Juli auf Wiesen, Magerrasen, an Dämmen mit Kronwicke. Raupe von August bis September an Bunter Kronwicke.

J	F	M	A	M	J	J	A	S	O	N	D

Wickler
Grapholita compositella
Vorderflügel dunkelgraubraun mit charakteristischen weißen Streifen an den Flügelrändern und vier weißen Streifen quer über die Flügelinnenränder. Spannweite bis ca. 0,8 cm. Flugzeit: in zwei Generationen von Mai bis August auf warmen Trockenrasen. Raupe von Juni bis August an Luzerne.

J	F	M	A	M	J	J	A	S	O	N	D

Wickler

Celypha lacunana

Vorderflügel gelbbraun mit schwarzen Flecken und weißen, unregelmäßigen Bändern. Flugzeit: in zwei Generationen von Mai bis September auf extensiv genutzten Wiesen, Hochstaudenfluren und angrenzenden Waldrändern. Raupe von Mai bis Juni an Weidenblättern, Birke, Wasserminze, Taubnessel, Brennnessel und vielen anderen.

J	F	M	A	M	J	J	A	S	O	N	D

Wickler

Aethes hartmanniana

Gelbe Grundfärbung der Vorderflügel durch ein weiß gesäumtes Muster aus rotbraunen Flecken unterbrochen. Durch sein Aussehen nicht immer sicher von einer nahe verwandten Art zu unterscheiden. Spannweite bis zu 2 cm. Flugzeit: in zwei Generationen von Mai bis Juni und von Juli bis August auf Trockenrasen, an Wegrändern und Brachflächen. Die Raupe lebt von Juni bis Juli und August bis Mai des Folgejahres in den Wurzeln von Witwenblumen und Skabiosen.

J	F	M	A	M	J	J	A	S	O	N	D

Wickler

Epiblema foenella

Grundfarbe rotbraun mit charakteristischer weißer, längs nach unten gerichteter V-förmiger Zeichnung. Spannweite bis 2 cm. Flugzeit: in einer Generation von Juni bis Juli auf Brachflächen und an Wegrändern. Die Raupe frisst von September bis April des Folgejahres an der Wurzel und nutzt die Stängel von Beifußgewächsen.

J	F	M	A	M	J	J	A	S	O	N	D

Wickler

Pandemis corylana

Vorderflügel gelb mit rötlichbrauner Netzzeichnung. Spannweite bis 2,5 cm. Flugzeit: in einer Generation von Juli bis September in Wäldern, an Waldrändern und auf Waldlichtungen. Raupe von Mai bis Juli an Hasel, Esche, Eiche, Himbeere, Rotem Hartriegel und anderen Laubhölzern, deren Blätter sie zusammenspinnt.

J	F	M	A	M	J	J	A	S	O	N	D

Wickler

Agapeta zoegana

Vorderflügel gelb mit rotbrauner Bänderung und einem markanten Fleck. Spannweite bis 2,5 cm. Flugzeit: in ein bis zwei Generationen von Mai bis August auf Wiesen, Trockenrasen und Brachflächen. Die Raupe frisst an den Wurzeln von Skabiosen, Witwenblumen, Flockenblumen und anderen Pflanzen von Juni bis Juli und September bis Mai des Folgejahres.

J	F	M	A	M	J	J	A	S	O	N	D

Wickler

Acleris bergmanniana

Der Falter hat eine gelbe Grundfärbung mit einem rotbraunen Linienmuster, das im oberen Teil in zusammengeklappter Stellung der Flügel eine Ellipse bildet. Flügelspannweite bis zu 1,3 cm. Flugzeit: in einer Generation von Mai-Juli. Die Raupe lebt von Juni, in einem zusammengesponnenen Blatt überwinternd bis Mai des Folgejahres an Rosengewächsen, wo sie hauptsächlich die Blütenblätter frisst. Falter sehr häufig in verschiedenen Lebensräumen mit dem Vorkommen von Rosen zu finden.

J	F	M	A	M	J	J	A	S	O	N	D

Faulholzmotten

Faulholzmotte
Batia unitella
Der Falter ist bräunlich mit stark befransten Flügelspitzen und gelber Behaarung des Kopfes. Spannweite bis 1,6 cm. Flugzeit: in einer Generation von Mai bis August. Die Raupe lebt von September bis Mai des Folgejahres unter der Rinde von abgestorbenen Bäumen wie Eichen, Ulmen, Apfelbäumen und anderen. Der Lebensraum sind Laubwälder, Feldgehölze, Streuobstwiesen und Gärten.

J	F	M	A	M	J	J	A	S	O	N	D

Faulholzmotte
Bisigna procerella
Falter mit orangener Grundfärbung und befransten Flügelspitzen. Schmale, weiße, schwarz eingefasste Querlinien überziehen die Vorderflügel. Spannweite bis 1,3 cm. Flugzeit: in einer Generation von Juni bis August. Die Raupe nutzt Flechten an der Rinde von Bäumen, von September bis Mai des Folgejahres. Lebensraum finden die Falter in Laubwäldern, Parks und Gärten.

J	F	M	A	M	J	J	A	S	O	N	D

Faulholzmotte
Harpella forficella
Die Vorderflügel sind in breiten Längsstreifen braun und gelb gefärbt. Die Hinterflügel sind graubraun. Spannweite bis 2,7 cm. Flugzeit: in einer Generation von Juni bis August. Die Raupe bewohnt von April bis Mai totes, moderndes Laubholz. Lebensraum sind Laubwälder.

J	F	M	A	M	J	J	A	S	O	N	D

Faulholzmotte
Oecophora bractella
Die Vorderflügel sind halb gelb und halb dunkelbraun mit je zwei hellblauen, kurzen Querbinden. Spannweite bis 1,8 cm. Flugzeit: in einer Generation von Mai bis Anfang August. Die Raupe ist von März bis April ein Totholzbewohner in Laubbäumen unter der Rinde in Mischwäldern.

J	F	M	A	M	J	J	A	S	O	N	D

Balanzierstabmotte
Stathmopoda pedella
Der Falter sieht unverwechselbar aus, mit den gelb und dunkelbraunen Querstreifen und den weit seitlich abgespreizten Vorderbeinen. Spannweite bis 2,5 cm. Flugzeit: in einer Generation von Juni bis Juli. Die Raupe lebt von August bis September in den grünen, weiblichen Kätzchen von Erlen, die dabei braunfleckig werden und durch ausgestoßenen Kot kenntlich sind. Die Falter leben in Auwäldern, in Erlenbruchwäldern, an Gewässerufern mit Erlen.

J	F	M	A	M	J	J	A	S	O	N	D

Buchenmotte
Diurnea fagella
Die Grundfarbe ist hellbraun mit schwarzen Streifen und Flecken. Die Weibchen sind mit ihren verkürzten Flügeln nicht flugfähig. Spannweite bis 3 cm. Flugzeit: in einer Generation von März bis Mai. Die junge Raupe verbringt die ganze Zeit in einem Gehäuse, das durch das Aufeinanderspinnen von 2 Blättern entsteht und ernährt sich darin durch Schabefraß. Die Raupen nutzen von August bis November Buche, Feldulme und Birke. Lebensraum sind Laubwälder und Feldgehölze.

J	F	M	A	M	J	J	A	S	O	N	D

Gespinstmotten

Faulbaum-Gespinstmotte
Yponomeuta plumbella
Flügel weiß mit schwarzen Punkten. Spannweite bis 2 cm. Flugzeit: in einer Generation von Juli bis Ende August. Die Raupen leben im Juni in großen Ansammlungen in Gespinsten an Pfaffenhütchen. Raupen und Falter findet man in Wäldern, Hecken, Gebüsch und auch Gärten.

J	F	M	A	M	J	J	A	S	O	N	D

Traubenkirschen-Gespinstmotte
Yponomeuta evonymella
Flügel weiß mit feinen, schwarzen Punkten. Spannweite bis 1,9 cm. Flugzeit: in einer bis zwei Generationen von Juli bis Ende August an Waldrändern, Hecken und in Gärten. Die Raupe lebt im Mai in ausgedehnten Gespinsten an Traubenkirschen. Bei Massenvermehrung werden die Gehölze oft vollständig mit Gespinst überzogen und kahl gefressen. Die Sträucher erholen sich mit dem Johannistrieb relativ schnell wieder.

J	F	M	A	M	J	J	A	S	O	N	D

Kirschblütenmotte

Argyresthia pruniella

Die Vorderflügel sind braun mit einem langgezogenen, breiten, weißen Streifen am Flügelhinterrand. Spannweite bis 1,3 cm. Flugzeit: von Mai bis Ende August in Laubwäldern, Obstgärten und Streuobstwiesen. Die Raupe lebt von April bis Mai an den Blütenknospen von Kirschblüten und kann manchmal, bei Massenvermehrung, Schaden anrichten.

J	F	M	A	M	J	J	A	S	O	N	D

Schlehenknospenmotte

Argyresthia spinosella

Die Vorderflügel sind braunviolett, in der Nähe des Kopfes hellbraun. Der Flügelhinterrand trägt vom Kopf ausgehend einen breiten, weißen Streifen, der durch ein dunkelbraunes Querband unterbrochen wird. Spannweite bis 1,2 cm. Flugzeit: von Mai bis Juli. Die Raupe lebt von August bis April des Folgejahres an Schlehe und Pflaume an Waldrändern, Hecken, Streuobstwiesen und in Gärten mit Obstbäumen.

J	F	M	A	M	J	J	A	S	O	N	D

Langhornmotten

Langhornmotte
Adela croesella
Dunkelbraune Flügel mit breiter gelber Binde. Die Antennen der Männchen sind mehr als doppelt so lang wie die Vorderflügel, beim Weibchen nur wenig länger als die Vorderflügel. Spannweite bis 1,4 cm. Flugzeit: in einer Generation von Anfang Mai bis Mitte Juni. Die Falter leben an sonnenbeschienen Hecken, Wald- und Gebüschrändern. Die Raupe frisst an Büschen wie Liguster, Sanddorn und anderen, von Juni bis April des Folgejahres.

J	F	M	A	M	J	J	A	S	O	N	D

Langhornmotte
Nemophora degeerella
Die Flügel sind gelb und weisen braune Längsstreifen und eine breite gelbe Querbinde auf. Spannweite bis zu 2,3 cm. Flugzeit: in einer Generation von Mai bis Juli. Lebensraum sind feuchte, beschattete Standorte in lichten Laubwäldern. Die Raupen minieren in den Blättern krautiger Pflanzen, wie z.B. Buschwindröschen, und leben später am Waldboden in einem aus Pflanzenteilen zusammengewobenen Köcher, von August bis April des Folgejahres.

J	F	M	A	M	J	J	A	S	O	N	D

Langhornminiermotte
Nemophora metallica
Hinterflügel golden bis bronzefarben glänzend, am Flügelaußenrand schwarz bestäubt mit schwarzen Flügelfransen. Kopfhaare rostrot. Spannweite bis zu 2 cm. Flugzeit: in einer Generation von Juni bis August. Bevorzugter Lebensraum sind extensiv genutzte Wiesen, auch Streuwiesen oder unverbuschte Bach- und Wegränder. Die Raupe lebt an Witwenblume und Skabiose, von September bis April des Folgejahres.

J	F	M	A	M	J	J	A	S	O	N	D

Langhornminiermotte
Nematopogon swammerdamella
Die Vorderflügel sind hellbraun mit einer unauffälligen dunkleren Musterung. Der Kopf hat eine rötlichgelbe Behaarung. Spannweite bis 2,1 cm. Flugzeit: in einer Generation von April bis Juni. Die Raupe miniert in Blättern von Eichen und Buchen, von Juni bis April des Folgejahres. Lebensraum sind Laubwälder, und Buchen-Fichten-Tannenmischwälder, auch Waldränder, Gärten und Parks mit Gehölzbestand.

J	F	M	A	M	J	J	A	S	O	N	D

Motten

Kohlschabe

Plutella xylostella

Die Vorderflügel sind sehr variabel gefärbt, ihre Grundfarbe kann von einfarbig braun bis nach grau und dunkel reichen. In der Mitte der Flügel verläuft längs eine gewellte helle Linie, die die Flügel in einen unteren, dunklen und einen oberen, hellen Teil trennt. Die Art gehört zu den Wanderfaltern und fliegt immer wieder ein. Bis 1,8 cm Spannweite. Flugzeit: in zwei Generationen von April bis Oktober. Die Raupe nutzt Kohl und andere Kreuzblütler von Juni bis Juli und August bis September.

J	F	M	A	M	J	J	A	S	O	N	D

Micropterix tunbergella

Kopf schwarzbraun, Kopfhaare gelb, an der Fühlerbasis rostgelb. Fühler hell bräunlich, Vorderflügel messingfarben mit rotviolett schillernden Flecken. Spannweite bis 1 cm. Über die Lebensweise des Falters ist noch wenig bekannt. Die Art bewohnt vermutlich Laubwälder. Die Imagines ernähren sich von den Pollen von Eiche und Ahorn, aber auch anderen Pflanzen. Flugzeit: zwischen April und Mai in nicht bekannter Generationenfolge.

J	F	M	A	M	J	J	A	S	O	N	D

Euplocamus anthracinalis
Die Vorderflügel sind schwarz und weisen unterschiedlich große, weiße Flecken auf. Die Fransen haben ein schwarz-weißes Streifenmuster. Die Behaarung an Kopf und Schulter ist gelb. Die Antennen der Männchen sind zweireihig gekämmt. Bis zu 3,4 cm Flügelspannweite. Flugzeit: in einer Generation von Mai bis August. Lebensraum sind schattige Laubwälder, Waldränder und Waldlichtungen. Die Raupen verzehren Baumschwämme an faulem Holz von Eiche, Buche und anderen Laubhölzern von August bis April des Folgejahres.

J	F	M	A	M	J	J	A	S	O	N	D

Tinea trinotella
Der Falter hat am Kopf eine gelbe Behaarung. Die Vorderflügel sind hellbraun mit markanten, großen, schwarzen Punkten. Spannweite bis 1,9 cm. Flugzeit: in zwei Generationen von April bis August. Die Raupen leben in Gespinströhren in den Nestern von Singvögeln wie Buchfinken, Grünfinken und anderen und ernähren sich von den wolligen und haarigen Bestandteilen des Nestes, im Juni und wieder von September bis März des Folgejahres.

J	F	M	A	M	J	J	A	S	O	N	D

Palpenmotte
Teleiodes flavimaculella
Vorderflügel dunkelgrau mit je einem markanten, weißen Halbring am Flügelaußenrand in denen sich je ein gelber Fleck befindet. Spannweite bis 1,2 cm. Flugzeit: in einer Generation von April bis Juli. Die Raupe spinnt sich Eichenblätter zusammen, an denen sie frisst. Lebensraum sind Mischwälder mit Eichen. Über den Lebenszyklus der Raupen ist wenig bekannt.

J	F	M	A	M	J	J	A	S	O	N	D

Kastanienminiermotte
Cameraria ochridella
Grundfärbung orange bis ockerbraun, Vorderflügel mit weißen und schwarzen Querstreifen. Die Flügelenden sind abgerundet und mit Haarfransen besetzt. Flügelspannweite bis zu 0,9 cm. Flugzeit: in drei bis vier Generationen von April bis September. Die Raupe miniert von Juni bis September die Blätter von Rosskastanien, was zu deren Austrocknen und Verwelken führt. Die Art wanderte seit den 1980er Jahren aus dem Südosten Europas ein und hat sich stark ausgebreitet. Lebensraum gibt es für diese Art überall, wo Rosskastanien vorkommen.

J	F	M	A	M	J	J	A	S	O	N	D

J	F	M	A	M	J	J	A	S	O	N	D

Buchenminiermotte

Phyllonorycter maestingella

Die Vorderflügel sind metallisch glänzend gelb bis braun, vorne zum Kopf mit je zwei weißen Längsstreifen. In den hinteren Flügelhälften mit je vier, vom Flügelvorderrand ausgehenden, schwarz gesäumten weißen Querstreifen und je drei, vom Flügelhinterrand ausgehenden weißen Streifen. Das stark verbreiterte Flügelende ist mit Haarfransen besetzt. Spannweite bis zu 1 cm. Flugzeit: in zwei Generationen von April bis Juni und von August bis September. Die Raupe miniert von Juli bis Oktober in den Blättern der Rotbuche. Lebensraum sind Buchenwälder und Gehölzstandorte mit Buchen.

Ectoedemia intimella

Falter schwarz mit einem lila Schimmer und je einem weißlichgelben Fleck auf den Vorderflügeln. Der Kopf ist gelb bis orange behaart. Spannweite bis 0,6 cm. Flugzeit: Mai bis Juni in einer Generation. Die Raupe ist ein Blattminierer an Weidenarten in lichten Auwäldern, an Waldrändern und auch in Moorrandwäldern von Oktober bis November.

J	F	M	A	M	J	J	A	S	O	N	D

Sackträger

Fächerfühler-Sackträger
Ptilocephala plumifera
Die Flügel der Falter sind durchscheinend und wenig behaart. Die Fühler sind ausgeprägt groß, fächerförmig und haben 20–28 Glieder. Kopf und Körper der Falter sind stark behaart. Flügelspannweite der Männchen bis zu 1,8 cm. Flugzeit: in einer Generation von Mitte Februar – Ende Juli auf sonnigen, warmen und trockenen Bergwiesen mit Felspartien. Nahrungspflanze der Raupe sind verschiedene niedrige Pflanzen von ca. Juni bis Januar des Folgejahres.

J F M A M J J A S O N D

Fensterfleckchen

Waldreben-Fensterschwärmerchen
Thyris fenestrella
Dunkelbraun gefärbte Flügel, die mit rotbraunen und gelblichen Flecken gemustert sind. Etwa in der Mitte aller Flügel je zwei weißliche, leicht durchscheinende Fensterflecken. Spannweite von bis zu 1,5 cm. Flugzeit: in einer Generation pro Jahr von Mai bis Ende Juli an feuchten und warmen Waldrändern, bevorzugt in Auwäldern nahe von Gewässern; an warmen Orten kann noch eine zweite ausgebildet werden. Raupe von Juli bis August ausschließlich an Echter Waldrebe und anderen Waldrebenarten, deren Blätter sie rollt und zusammenspinnt. Vor allem im Süden Deutschlands, aber nicht häufig.

J F M A M J J A S O N D

Federmotten

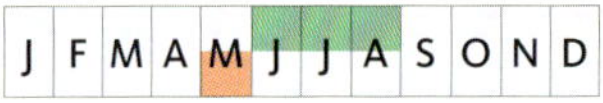

Federmotte
Cnaemidophorus rhododactyla
Grundfarbe orangebraun. Vorderflügel zweifach, Hinterflügel dreifach halbbogenförmig eingeschnitten. Eine gewinkelte, weiße Querbinde zieht sich über die Vorderflügel. Das erste Drittel des Rückens ist weiß. Spannweite bis 2,6 cm. Flugzeit: in einer Generation von Juni bis August an Waldrändern, verbuschten Hängen und Gärten. Die Falter sind nachtaktiv und werden vom Licht angelockt. Raupe im Mai an verschiedenen Rosenarten wie Hunds-Rose, der Bibernell-Rose und weiteren.

Federmotte
Platyptilia gonodactyla
Grundfarbe hellbraun mit je einem dreiecksförmigen, dunkelbraunen Fleck auf den Vorderflügeln. Spannweite bis 3 cm. Flugzeit: in zwei Generationen von Mai bis Juni und Juli bis September an feuchten Wald- und Wegrändern in Feldern und Äckern. Raupe von März bis April, miniert zuerst in den Blättern und frisst später an der Blattunterseite von Huflattich und Pestwurz.

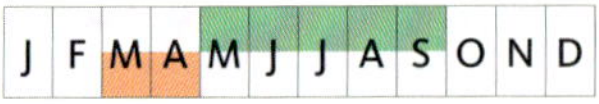

Schlehengeistchen

Pterophorus pentadactyla

Einer der größten Vertreter innerhalb der Gattung. Grundfarbe weiß. Flügel tief und fingerförmig gespalten, sehen federartig-fransig aus. Vorderflügel zwei-, Hinterflügel dreifach gespalten. An den Beinen spornartige Fortsätze. Spannweite bis 3,5 cm. Flugzeit: in einer Generation von Mai bis September an grasreichen Stellen mit Gebüschen, auf Äckern, in Gärten sowie auf Brachflächen; unter günstigen Bedingungen kann im August auch eine zweite Generation entstehen. Raupe von September bis Mai des Folgejahres an Ackerwinde und Echter Zaunwinde, Klee sowie Kreuzdorn, Rosen, Weiden und Schlehe. An den benagten Blättern bilden sich braune Flecken. Später fressen die Raupen auch an der Blattoberseite sowie an Blütenknospen und Blüten. Häufig.

J	F	M	A	M	J	J	A	S	O	N	D

Federmotte

Gillmeria pallidactyla

Der Falter hat eine bräunlich-weiße Grundfärbung mit einer etwas dunkleren braunen Zeichnung. Spannweite bis zu 2,7 cm. Flugzeit: in einer Generation von Juni bis Juli. Die Raupe lebt ca. von Juli bis Mai des Folgejahres an Schafgarbe, wo sie sich später in den Stängel bohrt und dort überwintert. Falter auf Wiesen, Ruderalflächen und Dämmen.

J	F	M	A	M	J	J	A	S	O	N	D

Foto: Heinrich Vogel

Literaturverzeichnis

Quellenverzeichnis: G. Ebert (Hrsg.): Die Schmetterlinge Baden-Württembergs, Bd. 1–10, Ulmer Verlag, 1991–2005.

Pro Natura-Schweizerischer Bund für Naturschutz: Tagfalter und ihre Lebensräume, Fotorotar AG, 1987.

Pro Natura-Schweizerischer Bund für Naturschutz: Schmetterlinge und ihre Lebensräume, Fotorotar AG, 1997.

J. Blab, Th. Ruckstuhl, Th. Esche, R. Holzberger: Aktion Schmetterling – So können wir sie retten, Ravensburger Buchverlag, 1987.

H.J. Weidemann: Tagfalter, Band 1&2, Neumann-Neudamm, 1986–1988.

J. Settele, R. Steiner, R. Reinhardt, R. Feldmann: Schmetterlinge – Die Tagfalter Deutschlands, Ulmer Verlag, 2005.

H. Bellmann: Der neue Kosmos Schmetterlingsführer, Franckh-Kosmos Verlag, 2003.

J.H. Reichholf: Schmetterlinge, BLV, 2001.

R. Gerstmeier: Schmetterlinge, Kosmos, 2000.

C. Stettmer, M. Bräu, P. Gros, O. Wanninger: Die Tagfalter Bayerns und Österreichs, Laufen 2007.

T. Tolman, R. Lewington: Die Tagfalter Europas und Nordwestafrikas, Kosmos, 1998.

Moritz, R.F.A., Kirchner, W.H., Crewe, R.M.: Chemical Camouflage of the Death´s Head Hawkmoth (Acherontia atropos) in Honeybee colonies, Naturwissenschaften 78, S. 179–182 (1991).

M. Koch: Schmetterlinge, Neumann-Neudamm, 1984.

J. Settele, O. Kudrna, A. Harpke, I. Kühn, C.v. Swaay, R. Verovnik, M Warren, J. Hanbspach, T. Hickler, E. Kühn, I.v. Halder, K. Veling, A. Vliegenthart, I. Wynhoff, O. Schweiger: Climatic Risk Atlas of European Butterflies, Pensoft.

Internet: www.lepiforum.de

Übersicht der Arten, Lebensräume und Flugzeiten

		Lebensraum									Flugzeiten											
Art	Seite	Trockenrasen	Moor	Wiese	Wald	Hecke	Ufer	Alpen	Acker/Ödland	Gärten/Parks	Januar	Februar	März	April	Mai	Juni	Juli	August	September	Oktober	November	Dezember
Abraxas grossulariata	175				●					●						●	●	●				
Abraxas sylvata	175				●										●	●	●	●				
Acherontia atropos	157	●		●	●	●			●	●					●	●	●	●	●	●		
Acleris bergmanniana	243	●		●	●	●			●	●					●	●	●					
Acleris forsskaleana	238				●	●				●						●	●	●				
Acronicta aceris	191				●	●				●					●	●	●	●	●			
Acronicta alni	190				●										●	●	●	●				
Acronicta rumicis	192			●		●			●	●				●	●	●	●	●	●			
Acronicta tridens	191				●		●								●	●	●	●	●			
Adela croesella	249				●	●									●	●						
Adscita geryon	225	●														●	●	●				

		Lebensraum									Flugzeiten											
Art	Seite	Trockenrasen	Moor	Wiese	Wald	Hecke	Ufer	Alpen	Acker/Ödland	Gärten/Parks	Januar	Februar	März	April	Mai	Juni	Juli	August	September	Oktober	November	Dezember
Aethes hartmanniana	241	●							●						●	●	●	●				
Agapeta zoegana	243	●		●					●						●	●	●	●				
Aglia tau	219				●								●	●	●	●						
Agrius convolvuli	158									●						●	●	●	●	●		
Agrotis exclamationis	205			●					●	●					●	●	●	●				
Agrotis ipsilon	205			●					●	●				●	●	●	●	●	●	●		
Alsophila aescularia	165				●	●				●		●	●	●								
Anarta myrtilli	200	●	●											●	●	●	●	●				
Ancylis mitterbacheriana	238				●										●	●						
Angerona prunaria	179				●					●					●	●	●	●	●			
Anthocharis cardamines	94	●		●	●				●				●	●	●	●						
Apamea lithoxylaea	200	●		●						●						●	●	●				
Apatura ilia	98				●		●									●	●					

Apatura iris	98				●		●									●	●					
Aphantopus hyperantus	119			●	●	●			●	●						●	●	●				
Apoda limacodes	217				●										●	●	●	●				
Aporia crataegi	92			●	●	●									●	●						
Araschnia levana	102			●	●	●			●	●					●	●	●	●	●			
Archiearis parthenias	165				●							●	●	●								
Arctia caja	150				●		●			●						●	●	●	●			
Arctia villica	151	●													●	●	●					
Argynnis adippe	104	●			●	●										●	●	●				
Argynnis aglaja	104	●	●		●											●	●	●				
Argynnis paphia	103			●	●											●	●	●	●			
Argyresthia pruniella	248				●	●				●					●	●	●	●				
Argyresthia spinosella	248				●	●				●					●	●	●					
Arichanna melanaria	182		●		●											●	●	●				
Aricia eumedon	133	●		●			●	●							●	●	●	●				
Atolmis rubricollis	148				●										●	●	●					
Autographa gamma	193	●		●		●			●	●			●	●	●	●	●	●	●	●	●	
Batia unitella	244			●	●	●				●					●	●	●	●				

		Lebensraum									Flugzeiten												
Art	Seite	Trockenrasen	Moor	Wiese	Wald	Hecke	Ufer	Alpen	Acker/Ödland	Gärten/Parks	Januar	Februar	März	April	Mai	Juni	Juli	August	September	Oktober	November	Dezember
Bembecia ichneumoniformis	53, 55																					
Bisigna procerella	244				●					●						●	●	●				
Biston betularia	180				●	●				●					●	●	●					
Biston strataria	181				●	●						●	●	●	●							
Boloria aquilonaris	51, 58																					
Boloria dia	106	●		●	●									●	●	●	●	●	●			
Boloria euphrosyne	105			●	●									●	●	●	●					
Boloria titania	63																					
Brachionycha sphinx	199				●		●			●										●	●	●
Brenthis ino	103			●												●	●	●				
Brintesia circe	116	●		●	●	●										●	●	●				
Bupalus piniarius	183				●									●	●	●	●					
Cabera pusaria	176				●									●	●	●	●	●	●			

Callimorpha dominula	153			●	●		●									●	●	●				
Callimorpha quadripunctaria	153	●			●	●											●	●	●			
Callistege mi	194	●		●	●									●	●	●	●					
Callophrys rubi	143	●	●		●	●							●	●	●	●	●					
Cameraria ochridella	253				●					●				●	●	●	●	●	●			
Campaea margaritata	183				●	●									●	●	●	●	●	●		
Camptogramma bilineata	170	●		●	●	●	●		●	●					●	●	●	●	●			
Carcharodus alceae	125	●		●					●						●	●	●	●	●			
Cataclysta lemnata	234						●									●	●	●	●			
Caterocephalus palaemon	124	●		●	●										●	●	●					
Catocala fraxini	206				●		●			●							●	●	●	●		
Catocala fulminea	207				●	●								●	●	●	●					
Catocala nupta	207				●					●							●	●	●	●		
Catoptria pinella	235	●			●											●	●	●	●			
Celastrina argiolus	128	●			●					●				●	●	●	●	●				
Celypha lacunana	241			●	●										●	●	●	●	●			
Cerura vinula	216				●		●		●					●	●	●	●					
Chamaesphecia empiformis	230	●			●				●						●	●	●	●				

		Lebensraum									Flugzeiten											
Art	Seite	Trockenrasen	Moor	Wiese	Wald	Hecke	Ufer	Alpen	Acker/Ödland	Gärten/Parks	Januar	Februar	März	April	Mai	Juni	Juli	August	September	Oktober	November	Dezember
Chazara briseis	115	●															●	●	●			
Chiasmia clathrata	176			●	●				●					●	●	●	●	●	●			
Cilix glaucata	164	●			●	●				●				●	●	●	●	●	●			
Clostera pigra	212				●	●				●				●	●	●	●	●				
Cnaemidophorus rhododactyla	256				●	●				●						●	●	●				
Cnephasia incertana	239				●	●			●							●	●					
Coenonympha arcania	120	●		●	●										●	●	●	●				
Coenonympha gardetta	120							●								●	●	●	●			
Coenonympha pamphilius	119			●	●	●			●					●	●	●	●	●	●			
Colias crocea	95	●		●											●	●	●	●	●	●	●	
Colias palaeno	94		●	●												●	●	●				
Colias phicomone	95			●				●								●	●	●				

Colocasia coryli	187				●								●	●	●	●	●	●				
Colostygia pectinataria	170	●			●	●			●	●					●	●		●	●			
Cosmia trapezina	198				●	●				●						●	●	●	●	●		
Cossus cossus	229				●		●			●						●	●	●	●			
Cucullia umbratica	195			●		●				●					●	●	●	●				
Cucullia verbasci	196	●			●	●				●				●	●	●						
Cupido argiades	128	●		●					●					●	●	●	●	●	●			
Cupido minimus	127	●		●	●									●	●	●	●	●				
Cupido osiris	127	●						●						●	●	●	●	●	●			
Cybosia mesomella	151				●										●	●	●	●				
Cyclophora albipunctata	167		●		●									●	●	●	●	●				
Cydia pomonella	236			●						●					●	●	●	●				
Deilephila elpenor	159				●					●					●	●	●	●				
Deilephila porcellus	159	●							●						●	●	●	●				
Deltote bankiana	189				●		●									●	●					
Deltote deceptoria	189			●	●	●								●	●	●	●	●				
Dendrolimus pini	209				●										●	●	●	●				

Art	Seite	Lebensraum									Flugzeiten											
		Trockenrasen	Moor	Wiese	Wald	Hecke	Ufer	Alpen	Acker/Ödland	Gärten/Parks	Januar	Februar	März	April	Mai	Juni	Juli	August	September	Oktober	November	Dezember
Diachrisia (chrysitis) chrysitis	193				●					●					●	●	●	●				
Diacrisia sannio	148	●		●	●										●	●	●	●				
Diloba caeruleocephala	220			●	●	●													●	●	●	
Diorictria abietella	231				●											●	●	●	●			
Diurnea fagella	246				●	●							●	●	●							
Drepana falcataria	164		●		●					●				●	●	●	●	●				
Ectoedemia intimella	254		●		●										●	●						
Elkneria pudibunda	222				●	●				●				●	●	●	●					
Elophila nymphaeata	234						●									●	●	●				
Ematurga atomaria	182	●	●										●	●	●	●	●	●				
Emmelia trabealis	188		●	●													●	●				
Endromis versicolora	220		●		●								●	●	●							

Epiblema foenella	242			●					●							●	●					
Epirrhoe alternata	168				●	●				●				●	●	●	●	●	●			
Erannis defoliaria	180				●					●										●	●	●
Erebia ligea	118	●			●											●	●	●				
Erebia medusa	117	●		●	●										●	●	●					
Erebia tyndarus	118							●								●	●	●				
Erynnis tages	123	●		●										●	●	●	●	●	●			
Euchalcia variabilis	195			●	●		●									●	●	●				
Euclidia glyphica	194	●		●										●	●	●	●					
Euphydrias aurinia	111	●		●											●	●	●					
Euphydrias maturna	110				●										●	●	●					
Eupithecia linariata	174								●	●						●	●	●	●			
Euplocamus anthracinalis	252				●										●	●	●	●				
Euproctis similis	223				●		●			●						●	●	●				
Eupsilia transversa	199			●	●					●	●	●	●	●	●				●	●	●	●
Eurrhypara hortulata	231			●	●	●			●	●					●	●	●	●				
Euthrix potatoria	208			●	●		●									●	●	●				
Gastropacha quercifolia	210	●		●	●	●										●	●	●				

		Lebensraum									Flugzeiten											
Art	Seite	Trockenrasen	Moor	Wiese	Wald	Hecke	Ufer	Alpen	Acker/Ödland	Gärten/Parks	Januar	Februar	März	April	Mai	Juni	Juli	August	September	Oktober	November	Dezember
Geometra papilionaria L.	166				●					●						●	●	●				
Gillmeria pallidactyla	257			●					●							●	●					
Glaucopsyche alexis	129	●			●				●					●	●	●	●					
Gonepteryx rhamni	96	●		●	●	●			●	●	●	●	●	●	●	●	●	●	●	●	●	●
Grapholita compositella	240	●													●	●	●	●				
Grapholita coronillana	240	●		●											●	●	●					
Grapholita gemmiferana	239	●												●	●	●	●					
Gynaephora antiqua	222				●	●				●					●	●	●	●	●	●		
Habrosyne pyritoides	162				●	●				●					●	●	●	●				
Hamearis lucina	55, 106	●			●									●	●	●						
Harpella forficella	245				●											●	●	●				
Hemaris fuciformis	155				●	●				●					●	●	●	●				
Hemithea aestivaria	167					●				●					●	●	●	●				

Hepialus humuli	221				●		●			●					●	●	●	●				
Hesperia comma	126	●		●													●	●	●			
Heterogenea asella	217				●										●	●	●	●				
Hipparchia semele	55																					
Hyles euphorbiae	160	●													●	●	●	●				
Hyles galii	161	●		●	●					●						●	●	●	●	●	●	
Hyloicus pinastri	157				●									●	●	●	●	●				
Hypaena proboscidalis	185				●		●			●					●	●	●	●	●			
Hyphoraia aulica	55																					
Iphiclides podalirius	90	●			●	●			●					●	●	●	●					
Issoria lathonia	105	●							●				●	●	●	●	●	●	●			
Lamprotes c-aureum	192				●		●									●	●	●				
Lasiocampa quercus	210		●		●											●	●	●				
Lasiocampa trifolii	209	●		●					●								●	●	●			
Lasiommata maera	122	●			●			●								●	●	●	●			
Lasiommata megera	122	●												●	●	●	●	●	●			
Laspeyria flexula	186				●					●						●	●	●	●	●		
Lathoe populi	156				●	●								●	●	●	●	●				

		Lebensraum									Flugzeiten											
Art	Seite	Trockenrasen	Moor	Wiese	Wald	Hecke	Ufer	Alpen	Acker/Ödland	Gärten/Parks	Januar	Februar	März	April	Mai	Juni	Juli	August	September	Oktober	November	Dezember
Leptidea reali	93																					
Leptidea sinapis	93	●		●	●										●	●	●	●				
Limenitis camilla	97				●		●									●	●	●				
Limenitis populi	97				●										●	●	●					
Lopinga achine	121				●											●	●					
Lycaena helle	140		●		●										●	●	●					
Lycaena hippothoe	141		●	●												●	●					
Lycaena phlaeas	140	●		●					●					●	●	●	●	●	●	●		
Lycaena virgaurea	141	●						●								●	●	●				
Lymantria dispar	224				●										●	●	●	●				
Lymantria monacha	223				●										●	●	●	●				
Macroglossum stellatarum	158	●			●					●	●	●	●	●	●	●	●	●	●	●	●	●
Macrothylacia rubi	211	●		●	●										●	●	●					

Maculinea alcon	130		●	●													●	●				
Maculinea arion	130			●	●											●	●	●				
Maculinea nausithous	131			●													●	●				
Maculinea teleius	131			●												●	●	●				
Malacosoma neustria	211			●	●	●										●	●	●				
Maniola jurtina	115	●		●	●	●			●	●						●	●	●	●			
Melanargia galathea	116	●		●	●				●								●	●				
Melanchra persicariae	201	●		●	●	●			●	●						●	●	●				
Melanthia procellata	174				●		●								●	●	●	●	●			
Melitaea cynthia	111							●								●	●	●				
Melitaea diamina	112	●	●	●											●	●	●					
Melitaea didyma	112	●														●	●	●	●			
Micropterix tunbergella	251				●									●	●							
Miltochrista miniata	149				●	●										●	●					
Mimas tiliae	155				●									●	●	●	●					
Minois dryas	117		●	●	●		●										●	●	●			
Moma alpium	190				●					●					●	●	●	●				
Mormo maura	197			●	●												●	●	●			

		Lebensraum									Flugzeiten											
Art	Seite	Trockenrasen	Moor	Wiese	Wald	Hecke	Ufer	Alpen	Acker/Ödland	Gärten/Parks	Januar	Februar	März	April	Mai	Juni	Juli	August	September	Oktober	November	Dezember
Mythimna albipuncta	201	●		●											●	●	●	●	●	●		
Nematopogon swammerdamella	250				●					●				●	●	●						
Nemophora degeerella	249				●										●	●	●					
Nemophora metallica	250			●			●									●	●	●				
Neozephyrus quercus	143				●	●										●	●	●	●			
Noctua fimbriata	204			●	●	●										●	●	●	●	●		
Noctua pronuba	203				●					●					●	●	●	●	●	●		
Notodonta dromedarius	215		●		●									●	●	●	●	●				
Notodonta zickzack	214				●									●	●	●	●	●	●			
Nymphalis antiopa	99				●						●	●	●	●	●	●	●	●	●	●	●	●
Nymphalis io	100	●		●	●	●	●		●	●	●	●	●	●	●	●	●	●	●	●	●	●
Nymphalis polychloros	99				●						●	●	●	●	●		●	●	●	●	●	●

Nymphalis urticae	100	●		●	●	●			●	●	●	●	●	●	●	●	●	●	●	●	●	●
Ochlodes sylvanus	126				●	●									●	●	●	●				
Ochropacha duplaris	163				●	●	●								●	●	●	●	●			
Ochropleura plecta	203			●						●					●	●	●	●	●			
Odezia atrata	166		●		●		●								●	●	●	●				
Oecophora bractella	245				●										●	●	●	●				
Olethreutes arcuella	237				●	●									●	●	●	●				
Oncocera semirubella	232	●		●	●											●	●	●				
Operophtera brumata	172			●	●					●											●	●
Operophtera fagata	172				●															●	●	●
Ophitograptis luteolata	177				●	●								●	●	●	●	●	●			
Orthosia gothica	202				●					●			●	●	●							
Ourapteryx sambucaria	179				●	●				●						●	●	●				
Pandemis corylana	242				●	●											●	●	●			
Pandemis heparana	237				●	●										●	●	●				
Panemeria tenebrata	196			●					●					●	●	●						
Panolis flammea	188				●								●	●	●	●						
Panthea coenobita	187				●										●	●	●	●				

		Lebensraum									Flugzeiten											
Art	Seite	Trockenrasen	Moor	Wiese	Wald	Hecke	Ufer	Alpen	Acker/Ödland	Gärten/Parks	Januar	Februar	März	April	Mai	Juni	Juli	August	September	Oktober	November	Dezember
Papilio machaon	88	●		●	●				●	●				●	●	●	●	●	●			
Paralis farinalis	233								●	●						●	●	●	●			
Pararge aegeria	121				●									●	●	●	●	●	●			
Parasemia plantaginis	150			●	●			●						●	●	●	●	●	●			
Parnassius apollo	89	●		●				●	●								●	●				
Parnassius mnemosyne	89			●	●			●							●	●	●					
Parnassius phoebus	88							●								●	●	●				
Pericallia matronula	154	●						●								●	●					
Perizoma alchemillata	173				●	●				●						●	●	●				
Perizoma sagittata	173				●		●									●	●					
Phalera bucephala	214				●	●				●					●	●	●	●				
Pheosia gnoma	212				●					●				●	●	●	●					
Pheosia tremula	212				●					●				●	●	●	●					

Phigalia pedaria	181				●	●				●	●	●	●	●								
Philereme transversata	171	●	●		●	●										●	●	●				
Philereme vetulata	171	●			●	●									●	●	●	●				
Phlogophora meticulosa	197		●	●	●					●				●	●	●	●	●	●	●	●	
Phragmatobia fuliginosa	149			●	●					●				●	●	●	●	●	●	●		
Phyllonorycter maestingella	254				●					●				●	●	●		●	●			
Pieris brassicae	91	●		●		●	●		●	●					●	●	●	●	●			
Pieris bryoniae	92							●								●	●	●				
Pieris napae	93			●	●	●			●	●				●	●	●	●	●	●			
Pieris rapae	91			●					●	●			●	●	●	●	●	●	●	●	●	
Plagodis dolobraria	177				●					●				●	●	●						
Platyptilia gonodactyla	256				●				●						●	●	●	●	●			
Plebejus argus	132	●	●					●	●						●	●	●	●	●			
Plebejus idas	132	●			●				●						●	●	●	●	●			
Plebejus orbitulus	133							●								●	●	●				
Pleuroptya ruralis	233				●		●			●						●	●	●				
Plodia interpunctella	235	●		●						●	●	●	●	●	●	●	●	●	●	●	●	●
Plutella xylostella	251	●		●		●	●	●	●					●	●	●	●	●	●	●		

		Lebensraum									Flugzeiten											
Art	Seite	Trockenrasen	Moor	Wiese	Wald	Hecke	Ufer	Alpen	Acker/Ödland	Gärten/Parks	Januar	Februar	März	April	Mai	Juni	Juli	August	September	Oktober	November	Dezember
Poecilocampa populi	208				●					●										●	●	
Polygonia c-album	101				●					●	●	●	●	●	●	●	●	●	●	●	●	●
Polyommatus bellargus	135	●		●											●	●	●	●	●			
Polyommatus coridon	134	●		●				●								●	●	●	●	●		
Polyommatus daphnis	135	●			●	●										●	●	●				
Polyommatus icarus	134	●		●					●						●	●	●	●	●	●		
Proserpina proserpinus	161				●		●		●	●				●	●	●	●					
Pseudoips prasinana	186				●										●	●	●	●				
Pseudopanthera macularia	178	●			●									●	●	●	●					
Pterophorus pentadactyla	257			●		●			●	●					●	●	●	●	●			
Pterostoma palpina	215				●				●	●				●	●	●	●	●				
Ptilocephala plumifera	255	●		●				●				●	●	●	●	●	●					
Ptilodon capucina	213				●					●				●	●	●	●	●				

Ptilodon cucullina	213				●	●				●					●	●	●	●				
Pyrausta aurata	232			●					●						●	●	●	●				
Pyrgus alveus	124	●						●								●	●	●				
Pyrgus malvae	123	●		●	●									●	●	●	●					
Rhizedra lutosa	75																					
Rivula sericealis	206			●	●		●								●	●	●	●	●			
Saturnia pavonia	219	●			●								●	●	●							
Satyrium acaciae	145	●			●	●										●	●	●				
Satyrium ilicis	145				●				●							●	●	●				
Satyrium pruni	144	●		●	●	●				●						●	●					
Satyrium spini	144	●			●	●									●	●	●					
Scoliopteryx libatrix	185			●	●	●	●			●	●	●	●	●	●	●	●	●	●	●	●	●
Scolitantides orion	129	●							●					●	●	●	●	●				
Scopula immorata	168	●														●	●					
Scopula ornata	169	●													●	●	●	●	●			
Selenia tetralunaria	178				●					●				●	●	●	●	●				
Sesia apiformis	230				●		●									●	●					
Sesia bembeciformis	230																					

		Lebensraum									Flugzeiten											
Art	Seite	Trockenrasen	Moor	Wiese	Wald	Hecke	Ufer	Alpen	Acker/Ödland	Gärten/Parks	Januar	Februar	März	April	Mai	Juni	Juli	August	September	Oktober	November	Dezember
Siona lineata	184	●	●		●										●	●	●					
Smerinthus ocellata	156				●					●					●	●	●					
Sphinx ligustri	160				●					●					●	●	●	●				
Spilosoma lubricipeda	152			●	●					●					●	●	●	●				
Spilosoma lutea	152				●					●					●	●	●	●				
Stathmopoda pedella	246				●		●									●	●					
Staurophora celsia	202	●			●														●	●		
Stauropus fagi	216				●					●				●	●	●	●	●				
Teleiodes flavimaculella	253				●									●	●	●	●					
Tethea ocularis	162				●		●								●	●	●	●				
Thaumetopoea pinivora	218				●												●	●				
Thaumetopoea processionea	218				●												●	●	●			
Thecla betulae	142				●	●				●							●	●	●	●		

Theria primaria	16																					
Thyatira batis	163				●	●				●				●	●	●	●	●				
Thymelicus sylvestris	125	●			●	●										●	●	●				
Thyris fenestrella	255				●		●								●	●	●					
Tinea trinotella	252				●	●				●				●	●	●	●	●				
Tortrix viridana	236				●					●						●	●	●				
Triodia sylvina	221			●		●											●	●				
Tyria jacobaea	154	●		●			●	●							●	●	●	●				
Vacciniina optilete	58																					
Vanessa atalanta	101	●		●	●	●			●	●	●	●	●	●	●	●	●	●	●	●	●	●
Vanessa cardui	102	●		●	●	●			●	●					●	●	●	●	●	●		
Xanthia togata	198				●	●												●	●	●		
Xanthorhoe fluctuata	184	●			●				●	●				●	●	●	●	●	●			
Xanthorhoe montanata	169				●										●	●	●					
Xestia c-nigrum	204	●		●	●	●	●		●	●					●	●	●	●	●	●		
Yponomeuta evonymella	247				●	●				●							●	●				
Yponomeuta plumbella	247				●	●				●							●	●				
Zeuzera pyrina	229			●	●					●						●	●	●	●			

Art	Seite	Lebensraum: Trockenrasen	Moor	Wiese	Wald	Hecke	Ufer	Alpen	Acker/Ödland	Gärten/Parks	Flugzeiten: Januar	Februar	März	April	Mai	Juni	Juli	August	September	Oktober	November	Dezember
Zygaena carniolica	225	●													●	●	●	●				
Zygaena ephialtes	227	●														●	●	●				
Zygaena fausta	226				●												●	●				
Zygaena filipendulae	228			●					●	●					●	●	●	●	●			
Zygaena minos	226																					
Zygaena osterodensis	227				●											●	●					
Zygaena purpuralis	226	●													●	●	●	●				

Register der deutschen Namen

Abendpfauenauge *Smerinthus ocellata* ... 36, 156
Achateule *Phlogophora meticulosa* ... 197
Achatspinner *Habrosyne pyritoides* ... 162
Ackerwinden-Bunteulchen *Emmelia trabealis* ... 188
Admiral *Vanessa atalanta* ... 34, 101, 102
Ahorn-Rindeneule *Acronicta aceris* ... 191
Ahornspinner *Ptilodon cucullina* ... 213
Ahornwickler *Acleris forsskaleana* ... 238
Alexis-Bläuling *Glaucopsyche alexis* ... 55, 129
Alpengelbling *Colias phicomone* ... 95
Alpen-Scheckenfalter *Melitaea cynthia* ... 111
Alpen-Wiesenvögelchen *Coenonympha gardetta* ... 120
Ampfereule *Acronicta rumicis* ... 192
Ampfer-Rindeneule *Acronicta rumicis* ... 192
Ampferwurzelbohrer *Triodia sylvina* ... 221
Apfelwickler *Cydia pomonella* ... 236
Apollo *Parnassius apollo* ... 55, 82, 89
Argus-Bläuling *Plebejus argus* ... 132
Augen-Eulenspinner *Tethea ocularis* ... 162
Augsburger Bär *Pericallia matronula* ... 154
Aurorafalter *Anthocharis cardamines* ... 66, 94
Ausrufungszeichen *Agrotis exclamationis* ... 205
Balanzierstabmotte *Stathmopoda pedella* ... 246
Baldrian-Scheckenfalter *Melitaea diamina* ... 112
Bärenschotenwickler *Grapholita gemmiferana* ... 239
Baumweißling *Aporia crataegi* ... 92
Berghexe *Chazara briseis* ... 55, 115
Bergkronwicken-Widderchen *Zygaena fausta* ... 226
Bergweißling *Pieris bryoniae* ... 92
Bibernellwidderchen *Zygaena minos* ... 226
Birken-Gürtelpuppenspanner *Cyclophora albipunctata* ... 167
Birken-Jungfernkind *Archiearis parthenias* ... 165
Birkenspinner *Endromis versicolora* ... 220
Birkenspanner *Biston betularia* ... 180
Birken-Zahnspinner *Pheosia gnoma* ... 212
Blauäugiger Waldportier *Minois dryas* ... 117
Blauer Eichenzipfelfalter *Neozephyrus quercus* ... 143
Blaues Ordensband *Catocala fraxini* ... 206
Blaukopf *Diloba caeruleocephala* ... 220
Blauschillernder Feuerfalter *Lycaena helle* ... 63, 140
Blausieb *Zeuzera pyrina* ... 229
Braunauge *Lasiommata maera* ... 122
Brauner Bär *Arctia caja* ... 26, 150

Brauner Eichen-Zipfelfalter *Satyrium ilicis* 145
Brauner Waldvogel *Aphantopus hyperantus* 119
Braune Tageule *Euclidia glyphica* 194
Braunkolbiger Braun-Dickkopffalter *Thymelicus sylvestris* 125
Breitflügeliger Fleckleibbär *Spilosoma lubricipeda* 152
Brennnesselzünsler *Eurrhypara hortulata* 231
Brombeerspinner *Macrothylacia rubi* 211
Buchenfrostspanner *Operophtera fagata* 67, 172
Buchen-Kahneule *Pseudoips prasinana* 186
Buchenminiermotte *Phyllonorycter maestingella* 254
Buchenmotte *Diurnea fagella* 246
Buchenspinner *Stauropus fagi* 216
Buchen-Streckfuß *Elkneria pudibunda* 222
Buschrasen-Grasmotteneulchen *Deltote deceptoria* 189
C-Falter *Polygonia c-album* 101
Distelfalter *Vanessa cardui* 34, 51, 102
Dörrobstmotte *Plodia interpunctella* 235
Dreizack-Pfeileule *Acronicta tridens* 191
Dromedarspinner *Notodonta dromedarius* 215
Dukatenfalter *Lycaena virgaurea* 141
Dunkler Dickkopffalter *Erynnis tages* 123
Dunkler Wiesenknopf-Ameisen-Bläuling *Maculinea nausithous* 27, 131
Eichenprozessionsspinner *Thaumetopoea processionea* 218
Eichenspinner *Lasiocampa quercus* 66, 210
Eichenwickler *Tortrix viridana* 66, 236
Eichenzipfelfalter 11, 66
Eisenhut-Höckereule *Euchalcia variabilis* 195
Eisenhut-Metalleule *Euchalcia variabilis* 195
Elfenbein-Flechtenbärchen *Cybosia mesomella* 151
Erlen-Rindeneule *Acronicta alni* 190
Eschen-Scheckenfalter *Euphydrias maturna* 110
Esparsetten-Widderchen *Zygaena carniolica* 55, 225
Fächerfühler-Sackträger *Ptilocephala plumifera* 255
Faulbaum-Bläuling *Celastrina argiolus* 128
Faulbaum-Gespinstmotte *Yponomeuta plumbella* 247
Faulholzmotte *Batia unitella* 244
Faulholzmotte *Bisigna procerella* 244
Faulholzmotte *Harpella forficella* 245
Faulholzmotte *Oecophora bractella* 245
Federmotte *Cnaemidophorus rhododactyla* 256
Federmotte *Gillmeria pallidactyla* 257
Federmotte *Platyptilia gonodactyla* 256
Fetthennen-Bläuling *Scolitantides orion* 129
Feuriger Perlmutterfalter *Argynnis adippe* 104
Fichtenzapfenzünsler *Diorictria abietella* 231
Flohkrauteule *Melanchra persicariae* 201

Forleule *Panolis flammea* 188
Fruchtzünsler *Oncocera semirubella* 232
Früher Schlehenbusch-Winterspanner *Theria primaria* 16
Frühlings-Kreuzflügel *Alsophila aescularia* 165
Gammaeule *Autographa gamma* 193
Garten-Blattspanner *Xanthorhoe fluctuata* 184
Gebüsch-Grünspanner *Hemithea aestivaria* 167
Gefleckter Rauschbeerenspanner *Arichanna melanaria* 182
Gelbe Bandeule *Noctua fimbriata* 204
Gelber Fleckleibbär *Spilosoma lutea* 152
Gelbes Ordensband *Catocala fulminea* 207
Gelbringfalter *Lopinga achine* 66, 121
Gelbspanner *Ophitograptis luteolata* 177
Gelbwürfeliger Dickkopffalter *Caterocephalus palaemon* 124
Gemeiner Bläuling *Polyommatus icarus* 134
Gitterspanner *Chiasmia clathrata* 176
Goldener Scheckenfalter *Euphydrias aurinia* 111
Goldzünsler *Pyrausta aurata* 232
Gothica-Kätzcheneule *Orthosia gothica* 202
Grasglucke *Euthrix potatoria* 208
Graubinden-Labkrautspanner *Epirrhoe alternata* 168
Großer Weidenglasflügler *Sesia bembeciformis* 230
Großer Eisvogel *Limenitis populi* 67, 97
Großer Frostspanner *Erannis defoliaria* 180
Großer Fuchs *Nymphalis polychloros* 99, 100
Großer Gabelschwanz *Cerura vinula* 28, 216
Großer Kohlweißling *Pieris brassicae* 91
Großer Kreuzdornspanner *Philereme transversata* 171
Großer Moorbläuling *Maculinea teleius* 131
Großer Perlmutterfalter *Argynnis aglaja* 55, 104
Großer Schillerfalter *Apatura iris* 25, 98
Großer Schneckenspinner *Apoda limacodes* 217
Großes Ochsenauge *Maniola jurtina* 115
Grünader-Weißling *Pieris napae* 93
Grüner Zipfelfalter *Callophrys rubi* 143
Grünes Blatt *Geometra papilionaria L.* 24, 166
Hartheuspanner *Siona lineata* 184
Haseleule *Colocasia coryli* 187
Hauhechelbläuling *Polyommatus icarus* 134
Hausmutter *Noctua pronuba* 203
Heidekraut-Bunteule *Anarta myrtilli* 200
Heideland-Tagspanner *Ematurga atomaria* 182
Heller Alpen-Bläuling *Plebejus orbitulus* 133
Heller Sichelflügler *Drepana falcataria* 164
Heller Wiesenknopf-Ameisen-Bläuling *Maculinea teleius* 27, 131
Hellrandige Erdeule *Ochropleura plecta* 203

Herbst-Rauhhaareule *Brachionycha sphinx* 199
Himmelblauer Bläuling *Polyommatus bellargus* 55, 135
Hobelspanner *Plagodis dolobraria* 177
Hochalpenapollo *Parnassius phoebus* 78, 88
Hochmoor-Bläuling *Vacciniina optilete* 58
Hochmoorgelbling *Colias palaeno* 51, 58, 94
Hochmoor-Perlmutterfalter *Boloria aquilonaris* 51, 58
Hofdame *Hyphoraia aulica* 55
Hohlzahn-Kapselspanner *Perizoma alchemillata* 173
Hopfenwurzelbohrer *Hepialus humuli* 221
Hornissen-Glasflügler *Sesia apiformis* 230
Hornissenschwärmer *Sesia apiformis* 25
Hornklee-Glasflügler *Bembecia ichneumoniformis* 53, 55
Hornkraut-Tageulchen *Panemeria tenebrata* 196
Hummelschwärmer *Hemaris fuciformis* 155
Idas-Bläuling *Plebejus idas* 132
Jakobskrautbär *Tyria jacobaea* 55, 154
Kaisermantel *Argynnis paphia* 33, 64, 67, 103
Kamelspinner *Ptilodon capucina* 213
Kastanienminiermotte *Cameraria ochridella* 253
Kieferneule *Panolis flammea* 188
Kiefernprozessionsspinner *Thaumetopoea pinivora* 218
Kiefernschwärmer *Hyloicus pinastri* 67, 157
Kiefernspanner *Bupalus piniarius* 183
Kiefernspinner *Dendrolimus pini* 66, 209
Kirschblütenmotte *Argyresthia pruniella* 248
Kleespanner *Chiasmia clathrata* 176
Kleespinner *Lasiocampa trifolii* 209
Kleine Pappelglucke *Poecilocampa populi* 208
Kleiner Alpen-Bläuling *Cupido osiris* 127
Kleiner Eisvogel *Limenitis camilla* 97
Kleiner Feuerfalter *Lycaena phlaeas* 55, 140
Kleiner Frostspanner *Operophtera brumata* 172
Kleiner Fuchs *Nymphalis urticae* 25, 28, 100
Kleiner Kohlweißling *Pieris rapae* 91
Kleiner Kreuzdornspanner *Philereme vetulata* 171
Kleiner Perlmutterfalter *Issoria lathonia* 55, 105
Kleiner Raufußspinner *Clostera pigra* 212
Kleiner Schillerfalter *Apatura ilia* 98
Kleiner Schlehen-Zipfelfalter *Satyrium acaciae* 145
Kleiner Schneckenspinner *Heterogenea asella* 217
Kleiner Weinschwärmer *Deilephila porcellus* 159
Kleiner Würfel-Dickkopffalter *Pyrgus malvae* 123
Kleines Nachtpfauenauge *Saturnia pavonia* 12, 219
Kleines Wiesenvögelchen *Coenonympha pamphilius* 119
Klosterfrau *Panthea coenobita* 187

Kohlschabe *Plutella xylostella* 251
Komma-Dickkopffalter *Hesperia comma* 126
Kommafalter *Hesperia comma* 126
Königskerzen-Mönch *Cucullia verbasci* 196
Kreuzdornzipfelfalter *Satyrium spini* 144
Kreuzenzian-Ameisenbläuling 27
Kronwicken-Dickkopffalter *Erynnis tages* 123
Kupferglucke *Gastropacha quercifolia* 25, 36, 210
Kurzschwänziger Bläuling *Cupido argiades* 128
Labkrautschwärmer *Hyles galii* 161
Laichkraut-Zünsler *Elophila nymphaeata* 234
Landkärtchen *Araschnia levana* 19, 25, 102
Langhornminiermotte *Nematopogon swammerdamella* 250
Langhornminiermotte *Nemophora metallica* 250
Langhornmotte *Adela croesella* 249
Langhornmotte *Nemophora degeerella* 249
Leinkraut-Blütenspanner *Eupithecia linariata* 174
Ligusterschwärmer *Sphinx ligustri* 160
Lilagold-Feuerfalter *Lycaena hippothoe* 141
Lindenschwärmer *Mimas tiliae* 155
Linienspanner *Siona lineata* 184
Lungenenzian-Ameisen-Bläuling *Maculinea alcon* 27, 130
Mädesüß-Perlmutterfalter *Brenthis ino* 103
Magerrasen-Perlmutterfalter *Boloria dia* 106
Maivogel *Euphydrias maturna* 110
Malachiteule *Staurophora celsia* 202
Malven-Dickkopffalter *Carcharodus alceae* 125
Marmorierter Kleinspanner *Scopula immorata* 168
Mauerfuchs *Lasiommata megera* 55, 122
Mehlzünsler *Paralis farinalis* 233
Messingeule *Diachrisia (chrysitis) chrysitis* 193
Mittlerer Weinschwärmer *Deilephila elpenor* 159
Mondfleck *Phalera bucephala* 214
Mondvogel *Phalera bucephala* 214
Nachtkerzenschwärmer *Proserpina proserpinus* 161
Nachtschwalbenschwanz *Ourapteryx sambucaria* 179
Nagelfleck *Aglia tau* 65, 219
Natterwurzperlmutterfalter *Boloria titania* 63
Nessel-Schnabeleule *Hypaena proboscidalis* 185
Nesselzünsler *Pleuroptya ruralis* 233
Nierenfleck *Thecla betulae* 142
Nonne 66
Nonnenfalter *Lymantria monacha* 223
Ockergelber Blattspanner *Camptogramma bilineata* 170
Palpenmotte *Teleiodes flavimaculella* 253
Palpenspinner *Pterostoma palpina* 215

Pantherspanner *Pseudopanthera macularia* 178
Pappel-Dickleibspanner *Biston strataria* 181
Pappelschwärmer *Lathoe populi* 156
Pappel-Zahnspinner *Pheosia tremula* 212
Perlglanzspanner *Campaea margaritata* 183
Pflaumenspanner *Angerona prunaria* 179
Pflaumenzipfelfalter *Satyrium pruni* 144
Platterbsenwidderchen *Zygaena osterodensis* 227
Postillon *Colias crocea* 95
Prachtgrüner Bindenspanner *Colostygia pectinataria* 170
Pracht-Wickler *Olethreutes arcuella* 237
Purpur-Widderchen 55
Purpurzünsler *Pyrausta aurata* 232
Ringelspinner *Malacosoma neustria* 211
Roseneule *Thyatira batis* 163
Rosen-Flechtenbärchen *Miltochrista miniata* 149
Rostbinde *Hipparchia semele* 55
Rostfarbener Buchen-Breitflügelwickler *Pandemis heparana* 237
Rostfarbiger Dickkopffalter *Ochlodes sylvanus* 126
Roter Scheckenfalter *Melitaea didyma* 55, 112
Rotes Ordensband *Catocala nupta* 207
Rotkragen-Flechtenbärchen *Atolmis rubricollis* 148
Rotrandbär *Diacrisia sannio* 148
Rundaugen-Mohrenfalter *Erebia medusa* 117
Russischer Bär *Callimorpha quadripunctaria* 153
Satellit-Wintereule *Eupsilia transversa* 199
Schachbrett *Melanargia galathea* 19, 55, 116
Schattenmönch *Cucullia umbratica* 195
Scheck-Tageule *Callistege mi* 194
Schilfrohr-Wurzeleule *Rhizedra lutosa* 75
Schillerfalter 11, 12, 51, 64
Schlehen-Bürstenspinner *Gynaephora antiqua* 12, 222
Schlehengeistchen *Pterophorus pentadactyla* 257
Schlehenknospenmotte *Argyresthia spinosella* 248
Schlehenspanner *Angerona prunaria* 179
Schlüsselblumen-Würfelfalter *Hamearis lucina* 55, 106
Schmuck-Kleinspanner *Scopula ornata* 169
Schneespanner *Phigalia pedaria* 181
Schönbär *Callimorpha dominula* 153
Schornsteinfeger *Aphantopus hyperantus* 119
Schwalbenschwanz *Papilio machaon* 13, 19, 23, 28, 37, 88
Schwammspinner *Lymantria dispar* 224
Schwan *Euproctis similis* 223
Schwarzbraunbinden-Blattspanner *Xanthorhoe montanata* 169
Schwarzer Apollo *Parnassius mnemosyne* 89
Schwarzer Bär *Arctia villica* 151

Schwarzes C *Xestia c-nigrum* 204
Schwarzes Ordensband *Mormo maura* 197
Schwarzgefleckter Ameisen-Bläuling *Maculinea arion* 130
Schwarzspanner *Odezia atrata* 166
Schweizer Schillernder Mohrenfalter *Erebia tyndarus* 118
Sechsfleck-Widderchen *Zygaena filipendulae* 228
Seerosenzünsler *Elophila nymphaeata* 74, 234
Segelfalter *Iphiclides podalirius* 55, 90
Seideneulchen *Rivula sericealis* 206
Seladoneule *Moma alpium* 190
Senfweißling *Leptidea sinapis* 93
Sicheleule *Laspeyria flexula* 186
Silbereulchen *Deltote bankiana* 189
Silberfleck-Perlmutterfalter *Boloria euphrosyne* 105
Silbergrüner Bläuling *Polyommatus coridon* 55, 134
Silberspinner *Cilix glaucata* 164
Sonnenröschen-Grünwidderchen *Adscita geryon* 225
Sonnenröschen-Würfel-Dickkopffalter *Pyrgus alveus* 124
Sphinxeule *Brachionycha sphinx* 199
Stachelbeerspanner *Abraxas grossulariata* 175
Storchschnabel-Bläuling *Aricia eumedon* 51, 133
Streifenspanner *Plagodis dolobraria* 177
Sturmvogel *Melanthia procellata* 174
Tagpfauenauge *Nymphalis io* 25, 36, 100
Taubenschwänzchen *Macroglossum stellatarum* 34, 158
Thymian-Ameisen-Bläuling *Maculinea arion* 27, 130
Thymian-Widderchen *Zygaena purpuralis* 226
Tintenfleck-Weißling *Leptidea sinapis* 93
Totenkopfschwärmer *Acherontia atropos* 10, 17, 26, 28, 51, 157
Trapezeule *Cosmia trapezina* 198
Traubenkirschen-Gespinstmotte *Yponomeuta evonymella* 247
Trauermantel *Nymphalis antiopa* 19, 67, 99
Trinkerin *Euthrix potatoria* 208
Ulmen-Harlekin *Abraxas sylvata* 175
Veilchen-Scheckenfalter *Melitaea cynthia* 111
Veränderliches Widderchen *Zygaena ephialtes* 227
Violettbrauner Mondfleckspanner *Selenia tetralunaria* 178
Violett-Gelbeule *Xanthia togata* 198
Waldbrettspiel *Pararge aegeria* 64, 67, 121
Waldreben-Fensterschwärmerchen *Thyris fenestrella* 255
Wandergelbling *Colias crocea* 95
Wasserlinsenzünsler *Cataclysta lemnata* 74, 234
Wegerichbär *Parasemia plantaginis* 150
Weidenbohrer *Cossus cossus* 229
Weißbindiger Mohrenfalter *Erebia ligea* 118
Weißbindiges Wiesenvögelchen *Coenonympha arcania* 120